新型职业农民科技培训教材

新型农机驾驶员

惠　贤　王建平　朱新明　主编

中国农业科学技术出版社

图书在版编目(CIP)数据

新型农机驾驶员 / 惠贤，王建平，朱新明主编.—北京 ：中国农业科学技术出版社，2014.7

ISBN 978-7-5116-1720-0

Ⅰ. ①新… Ⅱ. ①惠… ②王… ③朱… Ⅲ. ①农业机械－驾驶员－基本知识 Ⅳ. ①S22

中国版本图书馆 CIP 数据核字(2014)第 138191 号

责任编辑 崔改泵
责任校对 贾晓红

出 版 者 中国农业科学技术出版社
北京市中关村南大街 12 号 邮编：100081
电 话 (010)82106624(发行部) (010)82109194(编辑室)
传 真 (010)82106624
网 址 http://www.castp.cn
经 销 者 各地新华书店
印 刷 者 北京建宏印刷有限公司
开 本 850mm×1 168mm 1/32
印 张 5
字 数 116 千字
版 次 2014 年 7 月第 1 版 2018 年 8 月第 6 次印刷
定 价 18.00 元

《新型农机驾驶员》编委会

目　录

第一章　基础知识

第一节　职业道德规范及相关法律法规

一、职业道德的基本规范

（一）农机驾驶操作人员职业道德

职业道德，是指在驾驶操作农业机械的职业范围内形成比较稳定的道德观念和行为规范的总和。农机驾驶操作人员职业道德中最基本的内容包括：

（1）驾驶操作人员应以高度负责的精神安全驾驶操作农业机械。

（2）驾驶操作农业机械应当以安全为先。

（3）爱护机械和保护、改善作业环境。

（4）维护驾驶操作人员的职业荣誉等。

（二）农机驾驶员的职业守则

（1）遵纪守法，爱岗敬业。

（2）诚实守信，公平竞争。

（3）文明待客，优质服务。

（4）遵守规程，保证质量。

（5）安全生产，注重环保。

（三）农机操作员的职业守则

（1）遵纪守法，安全生产。

（2）钻研技术，规范操作。

（3）诚实守信，优质服务。

二、相关法律法规

农机法律法规包括党和国家安全生产的方针、政策，国家公布的农机安全生产法规、规章、安全操作规程和技术标准等，还有各省（市、区）制定的地方性法规、规章、规范性文件。主要包括《中华人民共和国农业机械化促进法》《农用拖拉机及驾驶员安全监理规定》《农业机械安全监督管理条例》等，还包括《中华人民共和国道路交通安全法》等其他涉及的大量法律、法规、通知等。

第二节　计量单位及换算

法定长度计量单位是米，符号为 m；法定压力计量单位是帕（帕斯卡），符号为 Pa；法定功率的计量单位是千瓦，符号为 kW；力、重力的单位是牛顿，符号为 N。法定单位和常用单位的换算见表 1－1 至表 1－7。

表 1－1　面积单位换算表

1 平方公里（km^2）＝100 公顷（hm^2）＝247.1 英亩（acre）
1 公顷（hm^2）＝10000 平方米（m^2）＝2.471 英亩（acre）
1 英亩（acre）＝0.4047 公顷（hm^2）＝0.004047 平方公里（km^2）＝4047 平方米（m^2）
1 亩＝666.6 平方米（m^2）

表 1－2　长度单位换算表

公里/千米 (km)	公尺/米 (m)	公分/厘米 (cm)	毫米 (mm)	英寸 (in)	英尺 (ft)
1	1000	10^5	10^6	39370	3280.83
0.001	1	100	1000	39.37	3.28083
10^{-5}	0.01	1	10	0.3937	0.03281
10^{-6}	0.001	0.1	1	0.0394	0.00328
2.54×10^{-5}	0.0254	2.54	25.4001	1	0.08333
3.048×10^{-4}	0.3048	30.48	304.801	12	1

表 1－3　体积/容积单位换算表

1 立方米(m^3)＝1000 升(L)＝35.315 立方英尺(ft^3)
1 立方英尺(ft^3)＝0.0283 立方米(m^3)＝28.317 升(L)
1 立方英寸(in^3)＝16.3871 立方厘米(cm^3)

表 1－4　重量单位换算表

千克(kg)	吨(t)
1	0.001
1000	1
0.453592	0.000454
907.184	0.907185
1016.046	1.01605
1 千克＝2 市斤	1 千克＝1000 克

表 1－5　功率单位换算表

单位	马力(PS)	千瓦(kW)	瓦(W)
马力(PS)	1	0.735	735
千瓦(kW)	1.36	1	1000
瓦(W)	1.36×10^{-3}	0.001	1

表 1-6　力单位的换算表

达因(dyn)	牛顿(N)	斯坦	公斤力(kgf)
1	10^{-5}	10^{-8}	1.02×10^{-6}

表 1-7　绝对温度、摄氏、华氏温度对照表

温度形式		K（绝对温度）		℃（摄氏）		°F（华氏）	
K（绝对温度）		1		℃+273.15		5/9（°F+459.67）	
℃（摄氏）		K−273.15		1		5/9（°F−32）	
°F（华氏）		9/5 K−459.67		9/5℃+32		1	
℃	−50	0	50	100	150	200	250
°F	−58	32	122	212	302	392	482

第三节　制动液、防冻液的选用

一、制动液的类型

制动液俗称刹车油，用于制动器和离合器助力器中。

制动液有醇醚型、脂型、矿油型和硅油型等。其中醇醚型和脂型统称为合成型，是目前广泛使用的主要品种。

(1)醇醚型制动液由基础油、润滑剂和添加剂 3 种成分组成，具有性能稳定、成本低的特点，但吸湿性强，湿沸点较低，不适合在潮湿条件下使用。

(2)矿油型制动液沸点高，对金属无腐蚀，但对橡胶件有腐蚀。目前市场上进口制动液中矿物油型较多，使用时要注意识别，若使用矿物油型制动液，橡胶皮碗和软管都要换耐油的。

(3)硅油型制动液性能好，但价格高。

(4)合成型制动液沸点高，温度适应范围大，对金属和橡胶

零件的腐蚀小。国产牌号有 4603、4604、4604-1 等。

二、使用制动液要注意的事项

使用制动液时要注意以下事项。

(1)应尽量按车辆说明书的要求选用制动液。使用不同牌号的制动液时,应将制动系统彻底清洗干净,再换用新制动液。各种制动液绝对不能混用。

(2)灌装制动液的工具、容器必须专用,不可与其他装油的容器混用。

(3)制动液(特别是合成制动液)是有毒物品,能损坏漆膜,加注时应避免溅入人眼或涂漆表面。

(4)不要使用已经吸收了空气中潮气的制动液和脏污的制动液,否则会使机件过早磨损和制动不良。

(5)不要使用有白色沉淀物的制动液,也不要将白色沉淀物滤除后使用。

(6)制动液要定期更换,以免制动液中含水量增多。一般在车辆行驶 2 万~4 万千米(即公里)或 1 年更换 1 次。

(7)制动液不可露天存放,以防日晒雨淋变质。

三、防冻液的选用

在水冷式发动机的水箱里,大多都装有防冻液,起到防冻、防腐蚀、防水垢等作用。

防冻液主要由防冻剂与水按一定的比例混合配置而成,这样既保持了水的良好传热效果,又能降低冷却液的凝固点。防冻液有乙二醇(甘醇)型、酒精型、甘油型等。目前用得最多的是乙二醇(甘醇)型防冻液。

乙二醇(甘醇)型防冻液在使用时要注意以下事项:

(1)一般情况下,防冻液与水的比例为40:60时,冷却液沸点为106℃,凝固点(冰点)为-26℃;当为50:50时,冷却液沸点为108℃,凝固点(即冰点)为-38℃。一般要求按照低于当地最低温度5℃左右配制冷却液。

乙二醇(甘醇)型防冻液的牌号是按照冰点划分的,使用时应根据当地冬季最低气温来选择适当牌号的防冻液,应使防冻液的冰点低于最低气温5℃。如果是浓缩液,应按产品说明书的规定比例加清洁水稀释。

(2)乙二醇(甘醇)型防冻液不仅有较低的冰点,防止冬季结冰,还可提高沸点,防止夏季沸腾,因此可四季通用。

(3)乙二醇(甘醇)型防冻液使用一段时间后,会因蒸发而使液面下降,应及时加水,以免受热后产生泡沫。

(4)乙二醇(甘醇)型防冻液一般可使用2~3年,入冬前,要检查、调整防冻液的密度,添加防腐剂,并将防冻冷却液的冰点调到该牌号最高冰点。

(5)使用防冻冷却液时要保证冷却系统无渗漏,加注时不要过满,一般只加注到冷却系统总容量的95%,以避免温度升高后膨胀溢出。

(6)乙二醇(甘醇)型防冻冷却液有毒,使用中注意安全,手接触后要洗净。

(7)乙二醇(甘醇)型防冻冷却液在保管时要保持清洁,特别要防止石油产品混入,以免受热后产生泡沫。

四、空调液的选用

新型低速货车为了提供舒适的驾驶环境,可以标配或选配车载空调。空调系统需加装制冷液,日常使用维护还会用到养护液。

车载空调使用中所涉及的空调液主要分制冷液和养护液两类。

(一)空调制冷液

不同于一般家用或商用空调,汽车空调的压缩机为半封闭式压缩机,而且汽车空调的使用环境要比家用空调多震动。空调常用冷媒即制冷液为R12 (CCl_2F_2),化学名称为二氟二氯甲烷,俗成氟利昂,但对环境来说有破坏作用,发达国家自1996年就已全面禁用。

目前,车上用的冷冻剂主要是R134a (HFC-134a),化学名称为四氟乙烷,是一种新型有机制冷剂,具有无味、无色、不燃烧、不爆炸、基本无毒性等特点。虽然也会对大气造成一定污染,但在对臭氧层的破坏上不如以前所使用的R12空调液那样严重,使用过程中也应注意严格控制制冷剂的排放。

HFC-134a具有作为汽车空调制冷剂应具备的热工性能、环境性能、安全性和耐久性等条件,但是它的排放仍会带来一定的温室效应,从环保的角度看,仍不是最理想的制冷剂。不过,只要对制冷系统进行改进,尽量减少它的排放量,在理想的绿色制冷剂开发出来之前,HFC-134a仍然是目前最现实的汽车空调制冷剂。

在使用中要注意以下事项。

(1)装制冷剂的钢瓶必须经过检验,以确保能承受规定的压力。

(2)装制冷剂的钢瓶不得受到太阳的直射,不得撞击。

(3)当钢瓶中制冷剂用完时,应立即关闭控制阀,以免混入空气和水分。

(4)发现制冷剂大量泄漏时,要通风换气,否则会使人窒息。制冷剂要避免接触皮肤和眼睛。

(5)钢瓶上的控制阀常用一个帽或铁罩保护起来,使用后要注意把卸下的帽或罩重新装上,以防搬运中受到碰击而损坏。

(二)空调养护液

使用空调养护液,可以清洁空调系统,保持和提高制冷效果。

尽管空调养护液生产厂家很多,名称和成分也各有差异,但其都应具有以下作用:

(1)除菌去垢,有效清除空调上的多种有害细菌,预防"空调病"。

(2)消除空调异味,散发自然芳香,使您有重返大自然的感觉。

(3)纯生物空调清洗剂,自然分解,不腐蚀主机,并形成保护膜,使空调光洁如新。

(4)提高制冷效果,节电,延长空调使用寿命。

(5)一喷即净,无需过水,迅速分解各类污渍及赘生物,污物自然流出,省时省力。

第四节　农机质量鉴别

一、整机质量的鉴别方法

随着农村农业机械化程度的不断提高,广大农民对优质、合格的农机产品的需求也越来越强烈。如何才能准确地辨别农机产品的优劣及真伪呢？

(一)假冒产品的表现形式

1. 假标志

产品冒用、伪造其他企业的商标、标志，误导用户，达到假冒的目的。通常在结构比较简单、加工制造容易的主机和零部件中多见，如旋耕机刀片、粉碎机锤片、筛片等。这些产品在外观、尺寸、油漆色泽等方面差异较大。

2. 假包装

在产品上不做明确的企业标志，冒用他人特有的名称、包装装潢，以达到假冒的目的。这种情况主要发生在农机具的零配件当中，如柴油机的连杆、曲轴、喷油嘴等。

3. 假证书

将获证产品的推广许可证、生产许可证、产品认证标志、获奖证书等标志，粘贴在未获证的产品上；伪造他人的许可证或认证文件，诱导和欺骗用户。

4. 假广告

企业做产品虚假广告的比较多。一是给自己产品的工作原理打上“高科技”“新技术”“新产品”的旗号；二是夸大产品的适用范围、销售区域和销售量；三是夸大产品的使用功能；四是在广告词上有提醒用户怎样识假、防假的字眼，达到取得用户信任的目的。实际上这些产品的质量都无法保证。

(二)如何鉴别假冒农机产品

简单地讲，可以从以下三个方面进行辨别。

1. 看农机产品的标识

目前市场上销售的农机产品，基本上为整机出售或配件拆零销售两种方式。整机出售的合格的农机产品，其包装标识有中文的产品名称、生产厂名和厂址（包括联系电话）；包装内应有产品质量检验合格证、使用说明、产品三包方式、维修地址及介绍产品使用、维护等注意事项。

正规农机产品包装的装箱单应列明随机工具、附件、备件等。而假冒伪劣农机产品虽也有产品名称，但没有生产厂名和厂址；有些产品外包装上的标识与产品上的铭牌标注不符，或没有产品合格证及使用说明等。

另外，对一些实行生产许可证制度的产品，如：拖拉机变型运输机、电动脱粒机等，还必须检查其是否具备生产许可证及其编号，并可向有关主管部门查询其真伪。

拆零销售的农机配件包装，可以通过察看其总包装上是否有完整的产品质量标识及说明进行判定。

2. 看农机产品的外观质量

合格的农机产品的表面涂漆均匀，没有明显的起皱和流挂。各零部件无缺损，铆钉、螺栓等，连接齐全、可靠。铸锻件表面光洁；冲压件平整，无皱纹、拉痕、裂纹等缺陷；焊接件牢固、焊点布局合理，焊缝光洁、平整，没有焊洞、漏焊、开焊、裂纹、夹渣、气孔、虚焊等现象。

3. 检验农机产品的内在质量

农民朋友在选购时，可通过机械的现场演示，对照检查其主要技术参数来判断其内在质量。对于一些在现场无法判定的或有质疑的农机产品和配件，可到本地技术监督部门，依据国家或企业标准对整机进行性能检测或可靠性试验，通过检验及配件的性能参数和几何参数，以及尺寸精度检验、材质分析、物理化学性能检测等，即可判定产品是否合格。

二、零配件质量鉴别方法

（一）如何辨别农机配件质量

农民朋友在购置机械，在维修、更换农机配件时，最头疼的就是用了伪劣农机配件，不光易损毁、费时费工而且耽误机械正常作业，因此提醒农民朋友在选购农机配件时千万马虎不得。现就选购农机产品配件时注意的事项告知如下。

（1）有无产品合格证。合格产品均有国家质量技术监督部门鉴定合格后准予生产出厂的检验合格证、说明书以及安装注意事项。若无，多为假冒伪劣产品。

（2）规格型号。在选购配件时，要观察规格型号是否符合使用要求。有些从外观看相差无几，但稍不注意买回去就不能用。

（3）有无装配记号。合格产品装配标记都非常清楚、明显。如齿轮装配记号、活塞顶部标记等应完好清晰。没有标记和标记不清的绝对不能选用。

（4）有无锈蚀。有些零配件由于保管不善或存放时间过长，会出现锈蚀、氧化、变色、变形、老化等现象。若有以上情况不能购买。

（5）有无扭曲变形。如轮胎、三角皮带、轴类、杆件等存放的方法不妥当，就容易产生变形，几何尺寸达不到使用规定要求，就无法正常使用。

（6）有无裂纹。伪劣产品从外观上查看，光洁度较低，而且有明显的裂纹、砂孔、夹渣、毛刺等缺陷，容易引起漏油、漏水、漏气等故障。

（7）有无松动、卡滞。活动连接处用手调节，看有无松动、卡滞。合格产品，总成部件转动灵活，间隙大小符合标准；伪劣产品不是太松，就是转动不灵活。

(8)外观。厂家原装产品，表面着色处理都较为固定，均为规定颜色。而有的配件颜色不一致，可能是返修或有其他问题。一般有经验的人从外观上一眼就可看出真假。正规厂家的合格产品外观处理得较好，而假冒伪劣产品为了降低成本而减少后处理工序，外观质量不好，手感很粗糙。

(9)外表包装。合格产品的包装讲究质量，产品都经过防锈、防水、防蚀处理，采用木箱包装，并在明显位置上标有产品名称、规格、型号、数量和厂名。部分配件采用纸质好的纸箱包装，并套在塑料袋内。假冒伪劣产品包装粗糙低劣。有些伪劣产品为了逃避售后“三包”服务，往往不会在产品包装上注明详细厂址或联系方式。而假冒产品的商标标志一般“形似神不似”，尤其防伪标志更是如此。注意到这些细节也能简便辨别。

(10)商标和重量。购买农机产品和配件时，一定要有商标意识，选择国优、部优名牌产品。选购配件时，先用手掂量，伪劣配件大都偷工减料，重量轻、体积小。

(11)价格。一般说来，为抢占市场，假冒伪劣产品会主动降低价格。如同规格的花键轴在价格上有成倍的悬殊，检验不合格产品的价格是合格产品的1/3。所以，购买时要多问几家，若价格悬殊较大，应慎重选择。

(12)硬度。硬度是衡量农机零配件的一个重要指标。购买时不可能拿硬度计测试，但可随身携带锉刀锉削测试。像花键轴如没进行规范的热处理，用锉刀锉削会粘锉刀；相反，热处理过的则只能锉下碎屑，且感觉较难锉削。

(二)农机常用零配件真伪的判断方法

(1)轮胎。合格的轮胎外胎两侧面都有商标、型号、规格、层数和帘线材料等标识，且清晰、醒目，有的还印有生产号和盖有检验合格章；内胎表面应光洁有亮度，手握有弹性。若外胎表面标识不全或模糊，内胎无光泽，胎体薄且厚度不均，手握无弹性，则为次品。

（2）螺纹件。合格品外表应光洁无锈蚀，无缺陷，螺纹连续，无毛刺，无裂纹。将被试件与标准的配件旋合在一起，应能旋到终端，且在旋进过程中无卡滞现象；旋合后扳动连接件应无晃动和撞击声，若螺纹件有锈蚀、裂纹、毛刺等缺陷，旋合后扳动连接件会晃动，则为劣质品。

（3）齿轮。合格的齿轮包装应完好，齿面和花槽面应光滑无切削痕迹、无毛刺，并涂有防锈油或打蜡，齿轮侧面一般都有代号钢码；用钢锯条的断茬划齿轮的工作面，应无划痕或仅有较细的划痕。若齿轮面有毛刺、切痕、锈蚀，锉划时有屑末和划痕（硬度不足），则质量较差，不要购买。

（4）轴承。合格的滚珠轴承，是用优质轴承钢制成的，其内外环及保持架在擦去防锈油后应光亮如镜，手摸时应如玻璃般平滑细腻；外环端面上应刻有代号、产地及出厂日期等标识，且清晰显眼；保持架间的铆钉铆接应均匀，铆钉头正而不偏。用手支承内环，另一手打转外环，外环应能快速自如地转动，然后逐渐停转；在外环上做记号，每次停转时，记号停止位置应都不一样；两手分别捏住内外环，使之在径向和轴向上做相对移动，应无间隙感，较大的轴承方可感觉出间隙，但应无金属撞击声。

在完成上述检查并决定购买后，可进行硬度试验（与商家先商定好，如硬度不符合要求则退货）：用锉刀或钢锯条的断茬去锉或划轴承的外环及内环，应发出“咯咯”声且无屑、无划痕或仅有不明显的细痕。若轴承有标识字迹模糊，外观无光泽，晃动有间隙，外环在同一位置旋转，锉划时有屑末或划痕、保持架锈渍等现象，说明轴承质量不合格，不要购买。

（5）油封。合格的橡胶油封表面应平整光滑，无缺损变形，侧面有代号、规格及生产厂家等标识，油封的整个圆周上刃口形状、厚度应一致，与配套件试装时，刃口在轴颈上应严密贴合；带骨架的油封形状应端正，端面呈正圆形，能与平板玻璃表面贴合无挠曲；无骨架油封外缘应端正，手握使其变形，松手后能恢复原状；带弹簧的油封，弹簧应无锈蚀，无变形，弹簧紧扣在唇口内无松弛；若油封有外形不正、缺损、弹性减弱、唇口厚薄不均、缺簧、锈蚀等现象，说明质量不合格，不要购买。

（6）V 带。合格的 V 带表面光滑，接头胶接无缝。外圆周上有清晰的商标、规格、厂家名称等标识，同一型号的 V 带的长度应一致。若 V 带外观粗糙，胶接头不平或开口，边缘有帘线头露出，无标识或标识字迹模糊，各 V 带长短不一，说明其为伪劣品。

（7）V 带轮。合格的 V 带轮表面无气孔、裂纹，带槽光滑；V 带扣住带槽时，V 带略高出槽口且 V 带底部不予槽底接触；若发现轮槽气孔等缺陷，槽面形状与合格的 V 带不配套，则为劣件。

（8）链条。商品链条都涂有防锈油，附有合格证；连接板光滑、无毛边且呈黑色，销子两端铆痕均匀，部分连接板上印有牌号。将链条摆在玻璃板上（销轴垂直），用两个手指夹住链条中部慢慢上提，当链条两头开始离开玻璃面时，停止上提，这时链条中部离玻璃板应在 10mm 以下，否则说明间隙过大。

（9）活塞环。合格件表面精细光洁，无制造缺陷，无扭曲变形，弹性好；用钢锯条的断茬划活塞环的棱角时，环的棱角无破损现象。若活塞环无弹性，表面粗糙，棱角有破损，则说明活塞环质量差。

（10）滤清器。合格的滤清器滤纸微孔间隙在0.04～0.08mm，滤纸排列有序，质硬坚挺，吸油后不变形；滤芯中心管的材料为优质钢，上面的网孔大小适中，经得起油压，不易变形。若滤纸较软，装排无序，网孔大小不一，滤纸与上下接盘接不牢，说明质量不佳。

第二章 油料的使用与管理

农机用油是指在农机使用过程中所应用的各种燃油和润滑油的总称，包括柴油、汽油、内燃机油、齿轮油和润滑脂等。它们的品种繁多，性能各异，随使用机器及部位的不同，要求也不一样，加之在运输、储存、添加和使用过程中，油料的质量指标会逐渐变坏，必须采取科学的技术措施，防止和减缓油品的变坏。选好、用好、管好农机用油，是农机运用与管理的重要内容，是保证农机技术状态完好的重要环节，是节约油料、降低作业成本的重要途径。

第一节 油料的化学组成

油料是石油（包括天然石油和人造石油）经过炼制和配制后的产物。

天然石油（原油）通常是红棕色或黑色的黏稠液体，相对密度一般为 0.75～1.0。主要组成元素是碳（C）和氢（H）（其中碳占 83%～87%，氢占 11%～14%），两者合计占 96%～99%，碳氢比值为 6～7.5，另外还有氧、硫、氮等非金属和金属元素，它们均以复杂的有机化合物状态存在，即原油是由若干种元素组成的多种化合物的混合物，因此，其性质是所含各种化合物性质的综合表现。

组成原油及油品的碳氢化合物主要有烷烃、环烷烃、芳香烃和烯烃四种。

第二节　汽油的主要使用性能与选用

一、汽油的主要性能

汽油性能的好坏对发动机的动力性、经济性、可靠性和使用寿命有很大的影响。汽化器式发动机对汽油有下面一些要求：

①能在汽化器和进气过程极短的时间内由液体状态蒸发成气体状态，与空气均匀混合；同时保证在油路中不蒸发，以防产生“气阻”。

②有良好的抗爆性，保证正常的燃烧，很少形成碳烟与积炭。

③在供给系统中不应生成胶质和其他的沉淀，对发动机零件不应有腐蚀作用，燃烧后的产物也不应腐蚀发动机零件。

④应具有一定的物理化学安定性，能在长期储运中保持其使用性能；机械杂质和水分的含量应尽量少。

（一）蒸发性

汽油由液态转化为气态的性能称为蒸发性。汽油的蒸发性越好，就越易汽化，即越易形成品质良好的可燃混合气，保证在各种条件下发动机迅速启动、加速和正常运转，特别是在低温条件下，也能使发动机顺利启动和正常工作；反之，则蒸发不完全，混合气中就会悬浮不少燃料的液滴，这些液滴在进气管上凝结会影响各缸混合气成分的均匀性，使发动机工作不均匀和不稳定。汽油蒸发不完全时燃烧速度减慢，燃烧不完全，并影响发动机的启动性能，同时造成过后燃烧，使发动机过热，功率下降，耗油率增加，而且在汽缸中形成较多的积炭。未完全燃烧的油滴还会附着在汽缸壁上破坏润滑油膜，增加汽缸和活塞组零件的磨损。但是，汽油的蒸发性也不宜太好，否则不仅容易蒸发损失，而且也会使汽油在进入汽化器喷管之前，在油箱、油管和油道中汽化形成气泡，产生所谓“气阻”现象，妨碍供油。

（二）抗爆性

在汽油机正常的燃烧过程中，火焰传播速度为30～70m/s。在特定的情况下，由于汽缸温度、压力上升，在火焰前锋还未到达的地方，混合气剧烈氧化而自燃，产生许多新的燃烧中心，其火焰传播的速度高达800～1 000m/s，形成压力脉冲，使汽缸内产生清脆的金属敲击声，这种不正常的燃烧就叫爆燃（震）。它导致功率下降、油耗增加，长时间爆燃，还会使发动机过热，甚至造成零件损坏。汽油机的压缩比愈高，汽缸内的温度、压力也愈高，爆燃的倾向也愈严重。所以，爆燃限制了压缩比的提高，从而限制了汽油机热效率的提高。

燃油的抗爆性能取决于它的碳氢化合物的结构，烃类的抗爆性按下列次序排列：芳香烃＞环烷烃＞烯烃＞烷烃。异构烷和异构烯烃有很高的抗爆性。

（三）安定性

汽油在正常的储存和使用条件下，保持其性质不发生永久变化的能力，称为汽油的安定性。安定性不好的汽油，在储存和运输过程中容易发生氧化反应，生成分子量较大的胶状物质和酸性物质，使辛烷值降低，酸值增加，颜色变深，使汽油的使用性能变差，容易产生积炭、堵塞油道等。实际胶质是评定汽油安定性的重要指标。

实际胶质是在规定条件下,100ml燃料快速蒸发以后在残留物中正庚烷的不溶部分,以“mg/100ml”表示。国标规定各号汽油出厂时实际胶质不大于5mg/100ml,经过运输和贮存,使用时往往要大于此值,允许不大于25mg/100ml。

在贮存和使用过程中,影响胶质生成的因素有原有胶质、温度、空气中的氧、金属的催化作用、阳光和水等。

金属对胶质的氧化过程有剧烈的催化作用,铜的作用活泼,铁较弱。但在汽油长期贮存时,铁的催化作用也很强烈,容器愈小则油和金属接触的比例愈大,金属对形成胶质的影响就愈剧烈。

光线对胶质形成的影响比金属还强烈,在暴晒处比在暗光处要快好几倍。

水和汽油中已经存在的胶质也对形成胶质起催化作用。在容器壁上残留下来的胶质,会强烈地促进新装燃料胶质的生成。水不仅是形成胶质的媒介,而且溶解汽油中的抗氧化剂(木焦油),降低它在燃料中的浓度,使油的安定性降低。

汽油中加入抗氧化添加剂,可以缓和过氧化物在汽油中的积聚过程,减缓胶质的形成。

除上述性能外,对汽油还有抗腐蚀性和清洁性等要求。

二、汽油的选用

(一)汽油的商品种类与规格

我国车用汽油的商品规格为按辛烷值/RON划分的90、93和97(Ⅲ)三个车用汽油牌号(GB 17930—2006)。

90号(Ⅲ)和93号(Ⅲ)车用汽油属于普通汽油,97号(Ⅲ)则属于优质车用汽油。2013年车用汽油新标准(GB 1793—

2013)增加了国四、国五标准的汽油商品规格与指标。

(二)汽油的选择与使用

汽油的选择应根据汽油机使用说明书的要求,以在正常运行条件下不发生爆燃为原则,选择适当辛烷值牌号的汽油。过去曾强调汽油机压缩比与汽油辛烷值的对应关系:压缩比在7.0以下,应选用70号马达法汽油;压缩比为7.0~8.0,应选用80号马达法(90号研究法)汽油;压缩比在8.0以上,则应选用93号研究法车用汽油等。实际上,上述对应关系现在已越来越模糊,这是因为影响爆燃倾向的因素除压缩比外,还有燃烧室结构、材料、冷却强度、混合气浓度和点火提前角等,此外,还与发动机的负荷和转速等诸多因素有关。

第三节 轻柴油的主要使用性能与选用

一、轻柴油的主要使用性能

轻柴油是压燃式内燃机的燃料。柴油机工作时,柴油以液体状态直接喷入汽缸,不用点火而依赖汽缸压缩产生的高温自燃,柴油和空气的混合过程在汽缸内完成。柴油机为在喷射中使柴油很好雾化,需要很高的喷射压力(一般在11.8~12.8MPa,直接喷射式的压力更高)和喷射速度(一般为100~250m/s),因此燃油供给系的部件都比较精密。根据柴油机工作的特点,对柴油提出一些要求:应当有较好的流动性和雾化性能;容易自燃,并且燃烧稳定均匀,不粗爆;高度洁净,不应含有机械杂质;柴油本身及其燃烧产物不应有腐蚀性;实际胶质与不饱和烃的含量应尽量减少,以免发生过滤器堵塞和喷油嘴结焦等现象；燃烧后不应当在发动机内形成严重的积炭。

（一）流动性与雾化性

表征和影响柴油机供油和雾化的柴油性质主要是黏度，凝点、浊点和冷滤点，水分及机械杂质。

（1）黏度。黏度表示液体在外力作用下移动时其内部分子间所产生的摩擦力。是石油产品最重要的性能指标之一。

（2）凝点、浊点和冷滤点。柴油的馏分较重，虽然在炼制过程中脱掉了一些蜡质，但在温度降低到某一温度时，仍然会析出针状的石蜡晶体，使柴油发生混浊，这一温度称为柴油的浊点（混浊点）。当温度继续下降时，一方面由于黏度增大，另一方面析出的石蜡逐渐构成结晶网，使柴油失去流动性而凝固。当柴油（其他如润滑油等也一样）开始失去流动性时的最高温度称为凝点。我国的轻柴油按凝点划分牌号。

（3）水分和机械杂质。在寒冷的情况下，柴油中的水分容易结冰或生成小颗粒的冰晶，引起柴油混浊及堵塞滤芯，中断供油，因此在储存、运输和添加过程中要尽量避免水分或雪花侵入。

对于柴油来说，洁净有着特别重要的意义，因为柴油中一旦含有机械杂质，除了容易堵塞过滤器以外，更严重的是会引起精密偶件的磨损和卡塞。

（二）燃烧性能

影响正常燃烧的柴油性质主要由馏分组成和十六烷值表征。

（1）馏程。柴油的馏分组成对自燃延迟期的蒸发性能和燃烧过程中的燃烧完全程度有很大关系。高速柴油机每一工作循环的时间很短，馏分组成过重的柴油将会来不及蒸发和形成均匀的混合气,燃烧将拖延到膨胀行程继续进行;并且未及时蒸发的一部分柴油在高温下将发生热分解,形成难以燃烧的炭粒,其结果提高了排气的温度,增大了柴油机的热损失和积炭;并使排气带烟,降低了柴油机的燃烧经济性和工作可靠性。

但馏分组成过轻的柴油对发动机的工作也是不利的,这是由于在燃烧过程的第一阶段时轻质馏分蒸发过多,当开始燃烧时大量的轻质馏分参与燃烧,汽缸压力增大速度过快,会加剧柴油机的工作粗暴性。即馏分组成轻的柴油十六烷值低。

(2)十六烷值。柴油的十六烷值是评定柴油在燃烧过程中粗暴性程度的重要指标。规定极易自燃的正十六烷和极难自燃的α-甲基萘的十六烷值分别为100和0。将这两种成分以不同的比例混合即可得到各种十六烷值(0～100)的标准燃料,通过试验,将所测柴油与标准燃料进行对比,视其自燃性相当于何种标准燃料,即可确定试油的十六烷值。柴油的十六烷值与其化学组成有关,如烷烃的十六烷值最高,环烷烃次之,芳香烃最差。

(三)安定性

柴油应有较好的氧化安定性和热安定性,以保证在储存中,外观颜色的变化和产生胶质的倾向较小,保证柴油机正常工作。评定柴油安定性的指标有实际胶质、10%蒸余物残炭、催速安定性沉渣、碘值和色号等。

实际胶质的概念同前汽油中所述。国标规定,轻柴油合格品的实际胶质不大于70mg/100ml。

10%蒸余物残炭是指柴油的10%蒸余物在规定条件下裂解所形成的残余物,用质量分数表示。柴油的馏分越轻,精制程度越深,则残炭值越小。残炭值大,在燃烧室中生成积炭的倾向也大,同时,喷油器喷孔积炭,将破坏柴油机的正常工作。国标规定，除合格品轻柴油中的0号和10号（其10%蒸余物残炭值为不大于0.4%）外，其余各级各号轻柴油的10%蒸余物残炭值为不大于0.3%。

柴油在规定条件下所形成的沉渣数量称为催速安定性沉渣，用“mg/100ml”表示。用来判断柴油储存安定性的好坏。国产轻柴油一级品用该指标。

（四）抗腐蚀和积炭

柴油的防腐性用硫含量、硫醇硫含量、酸度、铜片腐蚀、水溶性酸或碱等指标评定。

柴油中所含的硫同汽油中的一样，除元素硫外，还有硫化氢和硫醇等活性硫化物和其他非硫化物，它们在汽缸内燃烧后都生成二氧化硫和三氧化硫。这些气态硫化物不仅直接腐蚀高温区零件，而且会对汽缸壁上的润滑油和尚未燃烧的柴油起催化作用，加速烃类的聚合反应，使燃烧室、活塞顶和排气门等部位的漆状物和积炭增加，积炭层中有硫存在会使其变得更坚硬，不仅增大零部件的磨损，而且很难清除。当气态氧化硫从汽缸窜入曲轴箱时，遇水会生成亚硫酸和硫酸，除了会强烈地腐蚀零件（如柴油机轴承等）外，还会使润滑油的某些成分变成磺酸、酸性硫醇脂和胶质等，加速润滑油的老化和变质。所以对轻柴油的硫含量和硫醇硫含量必须严加限制。

二、轻柴油的牌号、规格和选用

（一）轻柴油的牌号和规格

2000年发布的GB 252—2000标准，轻柴油分为10、5、0、-10、-20、-35、-50七种牌号；2003年发布的GB/T 19147—2003标准，分为同样的7种牌号。

（二）轻柴油的选用

1. 轻柴油的正确选择

由于柴油的冷凝点与实际使用温度之间有良好的对应关系，故可按各号轻柴油的冷凝点，对照当地当月风险率为10%的最低气温，选择适当的柴油牌号。各号轻柴油适用的气温范围如下。

①10号轻柴油。适用于有预热设备的高速柴油机。

②5号轻柴油。适用于风险率为10%的最低气温在8℃以上的地区。

③0号轻柴油。适用于风险率为10%的最低气温在4℃以上的地区。

④-10号轻柴油。适用于风险率为10%的最低气温在-5℃以上的地区。

⑤-20号轻柴油。适用于风险率为10%的最低气温在-14～-5℃的地区。

⑥-35号轻柴油。适用于风险率为10%的最低气温在-29～-14℃的地区。

⑦-50号轻柴油。适用于风险率为10%的最低气温在-44～-29°C的地区。

一般还可根据柴油机的喷油器的结构形式选用轻柴油的级别。多孔闭式喷油器的喷孔小，容易被柴油的杂质和积炭堵塞，故在可能的情况下，应选用安定性好、生成积炭少的优级品或一级品轻柴油。而轴针闭式喷油器则因针阀伸出喷孔外，可借针阀疏通喷孔，即喷孔不易被杂物和积炭堵塞，故可使用安定性稍差的合格品轻柴油。

2. 轻柴油的使用注意事项

①不同牌号的轻柴油可以掺对使用。例如：当地当月风险率为10%的最低气温为0℃，不宜使用0号轻柴油，但可将0号轻柴油与低凝点柴油按一定比例掺对，使其凝点在-10～-5℃时即可使用。在冬季缺少低凝点轻柴油时，可以在高凝点轻柴油里掺入低凝点轻柴油；也可以在高凝点轻柴油里掺入10%～40%的裂化煤油。如在0号轻柴油中掺入40%的裂化煤油，可获得-10号轻柴油。

②柴油中不能掺入汽油。柴油里有汽油存在时，发火性能将显著变差，导致启动困难，甚至不能启动。

③在低温条件下缺乏低凝点轻柴油时，可以采用预温措施，以便使用高凝点轻柴油，如利用废气或循环冷却水预热油箱，也可选用少量低凝点轻柴油启动预热，然后再换用预热后的高凝点轻柴油，但须在停车前10～20min换用低凝点轻柴油，以免停车冷却后高凝点轻柴油凝固堵塞油路。

④严格防止灰尘和水分等混入柴油，保持并做好柴油的净化工作。

⑤不宜使用经长期储存的轻柴油。

第四节 内燃机油的主要使用性能与选用

内燃机油是润滑油的一种。润滑油由基础油和添加剂组成。基础油有矿物油、合成油、半合成油，其中以矿物油和烯烃合成油为主。基础油是各种油品的基本组成，用量占85%左右。在基础油相当的情况下，添加剂的质量水平和应用技术对油品质量起决定作用。添加剂有清净分散剂、抗氧剂、抗氧抗腐剂、油性剂、抗磨剂、稠化剂、降凝剂、抗泡剂、防锈剂等十余种。

添加剂的作用在于改善基础油的使用性能，满足不同润滑油的需要，提高油品质量，延长油品的使用寿命。以内燃机油为例：柴油发动机工作压力大、温度高，常采用耐高压和耐磨、耐腐蚀性差的铅青铜或铝青铜合金材料作为轴瓦材料；同时，柴油含硫量又较汽油多，燃烧后易生成硫酸或亚硫酸，所以要求润滑油具有良好的抗腐蚀等性能。因此，柴油机油中所含的添加剂品种及数量均多于汽油机油，这些添加剂具有抗氧化、抗腐蚀和保持活塞清洁等作用。添加剂不同是汽油机油和柴油机油的主要区别。

润滑油除起润滑作用外，还在摩擦面间起冷却、保护、密封、清洁及减震降噪等作用。

一、润滑油的主要使用性能

内燃机油的主要使用性能有流变性能、抗氧化性能、清净分散性能、抗腐蚀性能等。

（一）流变性能

润滑油在内燃机中是以流动的形式出现的，同时受到高温高压的作用，在这种工况下的一些特性称作润滑油的流变性能。如黏度、黏温性和黏压性等。

（二）氧化安定性

润滑油氧化对发动机工作带来严重的危害，主要表现在内燃机各部位形成沉积物。润滑油在燃烧室中处于薄膜、雾化和高温状态，故很容易发生深度氧化、裂解和燃烧，生成的胶质、沥青质，未完全燃烧的炭粒与外界侵入的尘土等混在一起黏附在金属表面而形成积炭。积炭是一种热的不良导体，因此零件表面附有积炭层就容易出现过热现象。气门的烧损就是一例。积炭可能擦伤缸筒表面；汽缸盖和活塞顶等部位积炭过多，会引起柴油机爆震；喷油嘴上有积炭会影响柴油的雾化质量，甚至堵塞喷油头。

在柴油机活塞连杆组中，活塞上部环槽、活塞环、活塞裙部、活塞内壁、连杆等均盖有一层浅褐色胶状薄膜，称为漆膜，这是一种黏韧的物质。有关资料指出，当活塞环槽内漆膜厚度为0.1mm时，活塞环就会产生卡死现象，而当活塞表面形成的漆膜厚度达到0.15mm时，会使活塞散热能力降低40%以上。活塞上的漆膜和积炭的90%来自润滑油，10%来自燃料。

发动机曲轴轴颈和润滑系的管路中以及滤清器上沉积的黑色糊状物或泥土状凝块，通常叫做油泥。这些油泥中有润滑油、水分、不溶解于油中的污染物（尘土、磨屑、烃类氧化聚合物、有机酸的铁盐、铜盐等）和燃油等。

（三）清净分散性

在润滑油中加入清净分散添加剂，使积炭、漆膜和油泥保持微粒状态分散在油中，而不使其凝聚成大片沉积在金属表面。这种特性称为润滑油的清净分散性。

机油质量高低的主要区别在于抵抗高、低温沉积物和漆膜形成的性能上。目前清净分散添加剂用量几乎是润滑油添加剂总量的一半。

清净分散添加剂是一种带极性基团的化合物。在清洁的机油内，它们聚成微细的胶束溶解状态。极性基团在内部，非极性基团（亲油基团）呈放射状排列在外层，与机油溶在一起。当油中生成氧化酸性物、胶质、漆膜和积炭或混入不溶于油中的固体颗粒时，清净分散剂基团就会紧紧包围并吸附住它们，构成胶状粒子分散在机油中，随着机油的循环运行将被滤清器滤掉。

汽油机油的添加剂的配方一般包括分散剂、抗氧抗腐剂和防锈剂3个组分，其作用主要是分散低温油泥、防护低温锈蚀和抑制高温氧化腐蚀；柴油机油添加剂配方一般是清净剂、分散剂和抗氧抗腐剂3种组分，其作用主要是提高高温清净分散性及中和含硫燃料的酸性燃烧产物。

（四）防腐性

润滑油被氧化而生成各种有机酸，在高温高压和有水存在的条件下，将对金属起腐蚀作用，尤其是高速柴油机作用的铜铅、镉银和镉镍轴承，抗腐蚀性很差，在润滑油中即使只有微量的酸性物质也会引起严重的腐蚀，使轴承表面出现斑点、麻坑，甚至整块剥落。所以，内燃机油，特别是柴油机油，对防腐性指标有严格的要求。提高润滑油的防腐性能，要靠加深润滑油的精制程度，减少酸值（酸值是指中和1g润滑油所需要的氢氧化钾毫克数，其意义与酸度相同），同时要加适量防腐添加剂。

（五）起泡性

起泡性是指油品生成泡沫的倾向及生成泡沫的稳定性能。内燃机油由于快速循环和飞溅，必然会产生泡沫。如果泡沫太多或泡沫不能迅速消除，将会造成摩擦面供油不足，以致破坏正常的润滑，所以要对起泡性进行控制，方法是在润滑油中加入抗泡沫添加剂。

二、内燃机油的选用

（一）内燃机油的选择

①根据工作条件的苛刻程度选用适当的机油品种——使用

级。机油工作条件的苛刻程度取决于内燃机的结构特性及运行条件。内燃机单位排量功率(升功率)和活塞平均速度等指标表示发动机的结构紧凑性和强化程度;运行条件主要是道路交通条件,因为它影响发动机的转速和负荷,对机油的工作条件也有一定的影响。各型发动机对机油品种的要求差别很大,应严格按发动机使用说明书的规定,选用与该型发动机相适应的机油品种——使用级。

②根据地区季节气温,结合发动机的性能和技术状况,选用适当的机油牌号——黏度级。例如,在黄河以北及其他气温较低,但不低于-15℃的地区,冬季使用20号单级油;夏季应换用黏度稍高的30号单级油;若使用15W/30或20W/30多级油,在上述地区可全年通用。在长江流域的华东、中南、西南、华南冬季气温不低于-5℃的广大温区,30号油可全年通用,而在两广、海南炎热的夏季,则应选用40号单级油。在长城以北或其他气温低于-15℃的寒区,应选用15W/30或10W/30多级油;在黑龙江、内蒙古自治区、新疆维吾尔自治区等严寒区,则应选用5W/20多级油等。

(二)内燃机油的使用注意事项

①在选择机油的使用级时,高级机油可以在要求较低的发动机上使用,但过多降低使用不合算;切勿把使用级较低的机油加在要求较高的发动机中使用,否则将造成发动机早期磨损和损坏。

②在机油黏度级的选择上,不要认为高黏度油有利于保证润滑和减少磨损。实际上高黏度油的低温启动性和泵送性差,启动后供油慢,磨损大,摩擦功率损失大,燃料消耗增加;还有循环速度慢,冷却和清洗作用差等弊端。所以在保证活塞环密封

良好、机件磨损正常的情况下，应适当选用低黏度的润滑油。只有在发动机严重磨损或运行条件特别恶劣的情况下，才允许使用比该地区气温所要求的黏度级提高一级的润滑油。

③汽油机油和柴油机油原则上应区别使用，只有在发动机制造厂有代用说明，或标明是汽油机油和柴油机油的油时，才可以代用或在标明的级别范围内通用。通用油的添加剂较多，已兼顾汽油机和柴油机的不同需要。

④要保持曲轴箱油面正常。油面过低会加速机油变质，甚至因缺油引起机件烧坏；油面过高，会从汽缸和活塞的间隙中窜进燃烧室，使燃烧室积炭增多。

⑤保持曲轴箱通风良好，保持滤清器清洁，及时更换滤芯，保证机油清洁，延缓机油的变质速度。

⑥应进行在用机油的质量监测，尽可能实行按质换油（按相应的国标）。在无分析手段、不能实行按质换油时，可用按期换油的方法作为过渡。

第五节　车辆齿轮油的主要使用性能与选用

一、车辆齿轮油的主要使用性能

车辆齿轮油是指用于汽车、拖拉机和工程机械等车辆的手动变速器和驱动桥齿轮传动机构的润滑油。

车辆变速器和驱动桥齿轮传动机构的齿轮承受的载荷较高，一般车辆的齿轮轮齿接触应力可达 2 000～3 000MPa，双曲线齿轮可达 3 000～4 000MPa，而且双曲线齿轮还具有很高的相对滑动速度，一般可达 8m/s 左右。在高速大负荷下，润滑油

油层变薄和局部破裂，啮合面间就会局部接触，发生边界摩擦或干摩擦，导致磨损加剧，甚至发生擦伤或咬合。可见，车辆齿轮油常常处于苛刻的边界润滑和极压润滑下工作。

齿轮油的工作温度随环境温度变化而变化，通常为 10～80℃，短时可达 90～100℃，而装置有双曲线齿轮的车辆，重载时可达 110～120℃。

二、车辆齿轮油的选用

(一)车辆齿轮油的分类

我国车辆齿轮油参照美国石油协会等标准，按使用分类法将车辆齿轮油分为普通齿轮油(CLC)、中负荷齿轮油(OLD)和重负荷齿轮油(CLE)三类；再按黏度分类法分为 70W、75W、80W、85W、90W、140W 和 250W 等黏度牌号。

(二)车辆齿轮油的选用

与内燃机油一样，车辆齿轮油的选用也是根据使用性能级别和黏度级别选用的。

使用级别选用主要是根据齿面压力、滑移速度和温度等工作条件，而这些工作条件又取决于传动装置的齿轮类型。故可按齿轮传动装置的类型选择车辆齿轮油的使用级。

黏度级别的选用则主要根据最低气温和最高油温，并考虑齿轮油换油周期相对较长的因素。如牌号为 75W、80W、85W 的齿轮油对应的最低温度分别为-40℃、-26℃和-12℃。

(三)齿轮油使用注意事项

①不能将使用级较低的齿轮油用在要求较高的车辆上，否则将使齿轮很快磨损和损坏。

②加油量应适当。汽车、拖拉机齿轮传动装置均为油浴式，如果加油过多，会增加搅拌阻力，造成能量损失；如加油过少，会使润滑不良，加速齿轮磨损。

③经常检查各齿轮箱是否渗漏，保持各油封、衬垫完好，以防漏油。

④按规定的换油指标换用新油。无油质分析手段时，可按车辆制造厂家推荐的换油周期换油。

第六节　油料的管理

一、安全用油

燃油，特别是汽油，是易燃、易爆、易产生静电和有毒的危险品。

油品规格中都有一个指标——闪点。它是在规定的条件下，加热油品所逸出的蒸气和空气组成的混合物与火焰接触，发生瞬间闪火时的最低温度称为闪点，以℃表示。

闪点的测定方法分开口杯法和闭口杯法，开口杯法用以测定重质润滑油的闪点；闭口杯法用以测定燃油和轻质润滑油的闪点。

闪点是表示石油产品蒸发倾向和安全性的项目。油品的危险等级是根据闪点来划分的，闪点在 45℃ 以下的为易燃品，45℃以上的为可燃品。

柴油的自燃点约为 335℃，而汽油的自燃点可达到 510℃，柴油比汽油容易自燃，但是，由于汽油蒸发性强，闪点低（-28℃以下），在贮运时极易产生大量油蒸气，与周围的空气混合，即使遇到微小的火星也能被点燃。燃油的热值很高，一旦发生火灾，会使油大量汽化，使火势迅速扩大，难以扑灭。

汽油的易爆炸性也与其蒸发性有关，空气中混有一定数量的汽油遇火后发生的爆炸为化学爆炸，由于汽油易蒸发，很容易达到汽油蒸气的体积含量为空气的1.58％～6.48％的爆炸范围。当汽油的体积膨胀或汽油蒸气的压力增大到超过贮油容器的强度时，还会发生物理爆炸。

汽油是电导率很低的绝缘物质，在特定的条件下会产生静电和积聚静电。汽油的温度高，流经管道的内壁粗糙，过滤网密，流经的弯头和闸阀多，流动的速度快和时间长，流进容器的冲击力和旋转力大，混入的水分和机械杂质多以及空气的相对湿度小，都会使静电产生率增加。当静电积聚到其电位高到绝缘介质所不能承受的强度时，就会由于突然击穿介质而发出火花，易引起爆炸和火灾。

汽油中含有不少芳香烃和不饱和烃，这两类烃对人体均有毒害。汽油蒸发性很强，工作人员吸入较多的油蒸气后会感到头晕、头痛等，长时间吸入就可能发生慢性中毒。含铅汽油还会由于铅能通过皮肤、食道和呼吸道进入人体，使人产生铅中毒。

安全用油就是要从以上等原因入手，采取相应的防火、防爆、防静电和防毒措施。

二、节约用油

油料是内燃机工作的主要消耗品和工作介质，在汽车运输和农机作业中，油料费一般要占到20％～30％，因此，搞好节约用油是机务管理中的重要内容。

（一）油料损失浪费的原因

（1）油料（主要是燃油）在运输过程中，装油容器密封不严，泄漏损失大，污染严重。如油料在储存保管中，容器不清洁，密封不严，易混入雨水，脏污油料；存放时间过长油料变质或蒸发、泄漏、抛洒造成损失，以及油料添加时泼洒、脏污、漏失等。

(2)在机具使用中，拖拉机技术状态不良，造成油料的“跑、冒、滴、漏”。如燃油供给系统失常，功率不足，燃油超耗。机组匹配不当，如“大马拉小车”，使油耗增多。农业机械状态不好，调整不当，工作部件不良，阻力增大。土地规划和机具行走方法不当等。

(3)在组织管理工作中，用油无计划，无定额；调度不当，空行太多；管理不严，用途不当，送人、点灯，转卖他用；用过油料未收回等。

(二)节约用油的措施

(1)加强油料管理。做到计划用油，合理分配用油指标。油库应做到进有账、出有证，日清月结季盘点。实行单车成本核算，制订合理的奖惩制度。开展废油回收工作，坚持交旧领新制度，搞好废油再生。节约保养清洗用油，推广使用金属净洗剂。

(2)合理选择使用和调度机组。选择高效、优质、低耗的拖拉机和农业机械；农机使用管理中应实行定作业区、定机车、定人员、定任务、定消耗的“5 定”制度；对所在的作业区进行土地合理规划与区划，采用合理的行走方法等，是机组机群运用的基本内容，也是节约油料的重要措施之一。

(3)搞好机车技术状态有显著的节油效果。对机具做到勤检查，细保养，正确调整，及时修理，使机具经常处于良好的技术状态。柴油发动机的供油时间、喷油器喷油压力和喷油质量、柱塞副供油压力、出油阀密封性、汽缸压缩压力、空气滤清器过滤阻力和进气管严密性、进气门和排气门间隙、配气相位、润滑系主油道压力、滤清器过滤阻力等，对机器的功率和油耗有着直接或间接的影响。

第三章　拖拉机的使用

拖拉机在生产制造过程中均采用新加工的各种零部件，各种零部件在加工的过程中存在着不同程度的表面粗糙度，导致相互运动的摩擦条件下降，接触面积减小，承载能力下降，短时间内配合间隙变大，润滑变差，缩短拖拉机的使用寿命。因此，对新的拖拉机在使用前必须进行磨合，以提高拖拉机的动力性和经济性，并能延长拖拉机的修理间隔。除了正确地磨合外，正确使用拖拉机也可以延长拖拉机的使用寿命。

第一节　拖拉机的基本操作

一、拖拉机的磨合

新出厂的拖拉机或经过大修的拖拉机，在使用前必须按拖拉机使用说明书规定的磨合程序进行磨合试运转；否则，将会引起零部件的严重磨损，使拖拉机的使用寿命大大缩短。

注意：所选择的产品应符合国家相关的安全规定。在拖拉机第一次启动前，要仔细阅读使用说明书，包括柴油机的安装、使用以及安全事项的相关说明。按照使用说明书的内容和要求进行磨合、使用和保养。

(一)磨合前的准备

对拖拉机进行磨合前,要完成以下准备工作。

(1)检查拖拉机外部螺栓、螺母及螺钉的拧紧力矩,若有松动应及时拧紧。

(2)在前轮毂、前驱动桥主销及水泵轴的注油嘴处加注润滑脂。

(3)检查发动机油底壳、传动系统及提升器、前驱动桥中央传动及最终传动油面,不足时按规定加注。

(4)按规定加注燃油和冷却水。

(5)检查轮胎气压是否正常。

(6)检查电气线路是否连接正常、可靠。

(7)将四轮驱动拖拉机分动箱操纵手柄置于工作挡位。

(二)磨合的内容和程序

1. 柴油机的空转磨合

按使用说明书规定顺序启动发动机。启动后,使发动机怠速运转 5min,观察发动机运转是否正常,然后将转速逐渐提高到额定转速进行空运转。在柴油机空转磨合过程中,应仔细检查柴油机有无异常声音及其他异常现象,有无渗漏,机油压力是否稳定、正常。当发现不正常现象时,应立即停车,排除故障后重新进行磨合。柴油机空转磨合规范见表 3－1。

表 3－1　柴油机空转磨合规范

转速(r/min)	800～1 000	1 400～1 600	1 800～2 000	2 300
时间(min)	5	5	5	5

2. 动力输出轴的磨合

将发动机置于中油门位置,分别使动力输出轴处于独立及同步位置各空运转 5min（同步磨合可结合拖拉机空驶磨合进行，或将后轮抬离地面进行），检查有无异常现象。磨合后必须使动力输出轴处于空挡位置。

3. 液压系统的磨合

启动发动机，操纵液压位调节手柄，使悬挂机构提升、下降数次，观察液压系统有无顶、卡、吸空现象及泄漏。然后挂上质量为 500 kg 左右的重块，在发动机标定转速下操纵位调节手柄，使重块平稳下降和提升。操作次数不少于 20 次，并能停留在行程的任何一个位置上。

磨合时，挡位应依次由低向高，负荷由轻到重逐级进行。空负荷、轻负荷磨合时柴油机的油门为 3/4 开度，其余两种磨合工况柴油机的油门为全开。

4. 拖拉机的空驶磨合

拖拉机按高、中、低挡和时间进行空驶磨合（将分动箱操纵手柄放在接合位置）。在空驶磨合过程中，发动机转速控制在 1 800 r/min左右，同时注意下列情况。

（1）观察各仪表读数是否正常。

（2）离合器接合是否平顺，分离是否彻底。

（3）主、副变速器换挡是否轻便、灵活，有无自动脱挡现象。

（4）差速锁能否接合和分离。

（5）拖拉机的操纵性和制动性是否完好。

5. 拖拉机的负荷磨合

拖拉机的负荷磨合是带上一定负荷进行运转，负荷必须由小到大逐渐增加，速度由低到高逐挡进行。拖拉机按表 3－2 所列的负荷、油门开度、挡次和时间进行负荷磨合（将分动箱滑动齿轮操纵杆放在接合位置)。

表 3-2　负荷磨合规范

负荷	油门开度
拖车装 3 000kg 质量	1/2
拖车装 6 000kg 质量	全开
挂犁耕深 16～20cm,耕宽 120cm 以上	全开

(三)磨合后的工作

负荷磨合结束后,拖拉机应进行以下几项工作后方能转入正常使用。

1. 进行清洗

(1)停车后趁热放出柴油机油底壳中的润滑油,将油底壳、机油滤网及机油滤清器清洗干净,加入新润滑油。

(2)放出冷却水,用清水清洗柴油机的冷却系统。

(3)清洗柴油滤清器(包括燃油箱中滤网)和空气滤清器。

2. 检查及调整

(1)检查前轮前束、离合器、制动踏板的自由行程,必要时进行调整。

(2)检查和拧紧各主要部件的螺栓、螺母。

(3)检查喷油嘴和气门间隙及供油提前角,必要时进行调整。

(4)检查电气系统的工作情况。

3. 进行润滑

(1)趁热放出变速器、后桥、最终传动、分动箱、前驱动桥、转向器内机油,清理放油螺塞和磁铁上的污物,然后注入适量柴油,用Ⅱ挡和倒挡各行驶 2～3 min,随即放净柴油并加注新的

润滑油。

(2)趁热放出液压系统的工作用油，经清洗后注入新的工作用油。

(3)向各处的注油嘴加注润滑脂。

二、拖拉机的启动

启动前应对柴油机的燃油、润滑油、冷却水等项目进行检查，并确认各部件正常，油路畅通且无空气，变速杆置于空挡位置，并将熄火拉杆置于启动位置，液压系统的油箱为独立式的，应检查液压油是否加足。

(一)常温启动

先踩下离合器踏板，手油门置于中间位置，将启动开关(图3-1)顺时针旋至第Ⅱ挡(第Ⅰ挡为电源接通)“启动”位置，待柴油机启动后立即复位到第Ⅰ挡，以接通工作电源。若10s内未能启动柴油机，应间隔1～2min后再启动，若连续3次启动失败，应停止启动，检查原因。

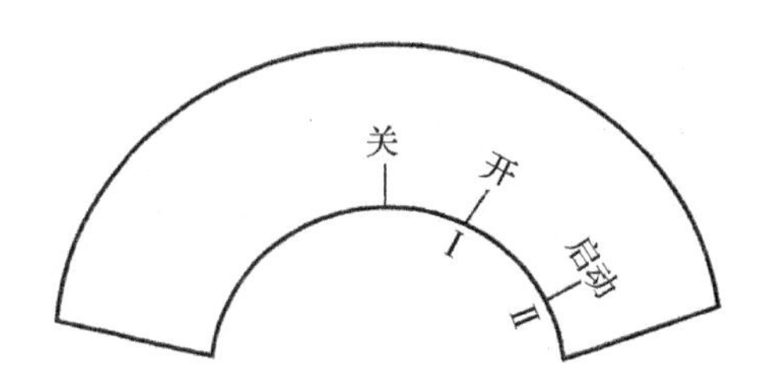

图3-1　启动开关位置

(二)低温启动

在气温较低(－10℃以下)冷车启动时可使用预热器(有的机型装有预热器)。手油门置于中、大油门位置，将启动开关逆时针旋至“预热”位置，停留20～30s再旋至“启动”位置，待柴油机启动后，启动开关立即复位，再将手油门置于怠速油门位置。

（三）严寒季节启动

按上述方法仍不能启动时，可采取以下措施：

（1）放出油底壳机油，加热至80～90℃后加入，加热时应随时搅拌均匀，防止机油局部受热变质。

（2）在冷却系统内注入80～90℃的热水循环放出，直至放出的水温达到40℃时为止，然后按低温启动步骤启动。

注意：（1）严禁在水箱缺水或不加水、柴油机油底壳缺油的情况下启动柴油机。

（2）柴油机启动后，若将油门减小而柴油机转速却急剧上升，即为飞车，应立即采取紧急措施迫使柴油机熄火。方法为用扳手松开喷油泵通向喷油器高压油管上的拧紧螺母，切断油路或拔掉空气滤清器，堵住进气通道。

三、拖拉机的起步

（一）拖拉机起步

起步时应检查仪表及操纵机构是否正常，驻车制动操纵手柄是否在车辆行驶位置，并观察四周有无障碍物，切不可慌乱起步。

（二）挂农具起步

如有农具挂接的情况，应将悬挂农具提起，并使液压控制阀位于车辆行驶的状态。

（三）起步操作

放开停车锁定装置，踏下离合器踏板，将主、副变速杆平缓

地拨到低挡位置，然后鸣喇叭，缓慢松开离合器踏板，同时逐渐加大油门，使拖拉机平稳起步。

注意：上、下坡之前应预先选好挡位。在陡坡行驶的中途不允许换挡，更不允许滑行。

四、拖拉机的换挡

（一）拖拉机的挂挡

拖拉机在行驶的过程中，应根据路面或作业条件的变化变换挡位，以获得最佳的动力性和经济性。为了使拖拉机保持良好的工作状况，延长拖拉机离合器的使用寿命，驾驶员在换挡前必须将离合器踏板踩到底，使发动机的动力与驱动轮彻底分开，此时换入所需挡位，再缓慢松开离合器踏板。

拖拉机改变进退方向时，应在完全停车的状态下进行换挡；否则，将使变速器产生严重机械故障，甚至使变速器报废。拖拉机越过铁路、沟渠等障碍时，必须减小油门或换用低挡通过。

（二）行驶速度的选择

正确选择行驶速度，可获得最佳生产效率和经济性，并且可以延长拖拉机的使用寿命。拖拉机工作时不应经常超负荷，要使柴油机有一定的功率储备。对于田间作业速度的选择，应使柴油机处于80％左右的负荷下工作为宜。

田间作业的基本工作挡如下：犁耕时常用Ⅱ、Ⅲ、Ⅳ挡，旋耕时常用Ⅰ、Ⅱ挡或爬行Ⅵ、Ⅶ、Ⅷ挡，耙地时常用Ⅲ、Ⅳ、Ⅴ挡，播种时常用Ⅲ、Ⅳ挡，小麦收割时常用Ⅲ挡，田间道路运输时常用Ⅵ、Ⅶ、Ⅷ挡，用盘式开沟机开沟（沟的截面积为0.4 m^2 时）时常用爬行Ⅰ挡。

当作业中柴油机声音低沉、转速下降且冒黑烟时，应换低一挡位工作，以防止拖拉机过载；当负荷较轻而工作速度又不宜太高时，可选用高一挡小油门工作，以节省燃油。

注意：拖拉机转弯时必须降低行驶速度，严禁在高速行驶中急转弯。

五、拖拉机的转向

拖拉机转向时应适当减小油门，操纵转向盘实现转向。当在松软土地或在泥水中转向时，要采用单边制动转向，即使用转向盘转向的同时，踩下相应一侧的制动踏板。

轮式拖拉机一般采用偏转前轮式的转向方式，特点是结构简单，使用可靠，操纵方便，易于加工，且制造成本低廉，如图 3－2 所示。其中，前轮转向方式最为普遍，前轮偏转后，在驱动力的作用下，地面对两前轮的侧向反作用力的合力构成相对于后桥中点的转向力矩，致使车辆转向。

手扶式拖拉机常采用改变两侧驱动轮驱动力矩的转向方式，切断转向一侧驱动轮的驱动力矩，利用地面对两侧驱动轮的驱动力差形成的转向力矩而实现转向，如图 3－3 所示。

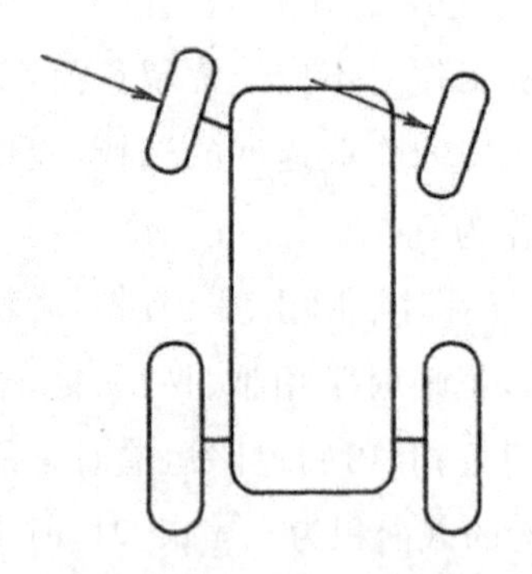

图 3－2　偏转前轮式转向

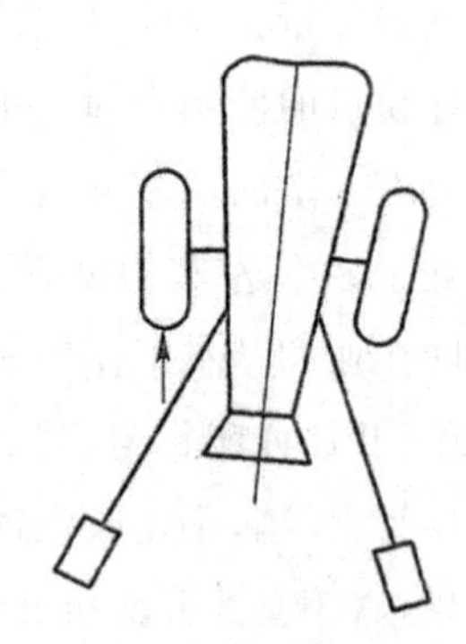

图 3－3　改变两侧驱动轮力矩

手扶式拖拉机的转向特点是转弯半径小，操纵灵活，可在窄小的地块实现各种农田作业,特别是水田的整地作业更为方便。

六、拖拉机的制动

制动时应先踩下离合器踏板,再踩下制动器踏板,紧急制动时应同时踩下离合器踏板和制动器踏板,不得单独踩下制动器踏板。

制动的主要作用是迫使车辆迅速减速或在短时间内停车;还可控制车辆下坡时的车速,保证车辆在坡道或平地上可靠停歇;并能协助拖拉机转向。拖拉机的安全行驶很大程度上取决于制动系统工作的可靠性,因此要求具有足够的制动力;良好的制动稳定性(前、后制动力矩分配合理,左、右轮制动一致);操纵轻便,经久耐用,便于维修;具有挂车制动系统,挂车制动应略早于主车(当挂车与主车脱钩时,挂车能自行制动)。

七、拖拉机的倒车

拖拉机在使用中经常需要倒车,特别是拖拉机连接挂车、换用农具时都要用到拖拉机的倒车过程。上述的挂接过程中易出现人身伤亡事故,应特别引起驾驶员的注意。挂接时一定要用拖拉机的低速挡操作,要由经验丰富的驾驶员来完成。

八、拖拉机的停车

拖拉机短时间内停车可以不熄火,长时间停车应将柴油机熄火。熄火停车的步骤是:减小油门,降低拖拉机速度;踩下离合器踏板,将变速杆置于空挡位置,然后松开离合器;停稳后使柴油机低速运转一段时间,以降低水温和润滑油温度,不要在高温时熄火;将启动开关旋至“关”的位置,关闭所有电源;停放时应踩下制动器踏板，并使用停车锁定装置。

注意：冬季停放时应放净冷却水，以免冻坏缸体和水箱。

第二节 拖拉机选购的方法

我国幅员辽阔，各地的自然条件千差万别，特别是农田作业机具的选择就更显得困难一些。我国农机具的品种繁多，所适用的地区和作业条件也不尽相同，即使是同一型号的农机具，由于生产企业不同，其性能指标和适用范围也有所区别。为帮助广大农民了解和掌握农机具的选购，尤其是初次购机的用户，有必要了解和掌握一些基本知识和选购原则，以便购机时心中有数。

一、拖拉机选购的原则

在确定了所要完成的作业任务之后，选购何种型号、如何着手是每一个农机用户首先要遇到的问题。一般来说，选购拖拉机可以按下述原则进行考虑。

（一）适用性原则

拖拉机品种繁多，性能各异，购机之前首先要尽量多地收集不同拖拉机的资料，如使用说明书、宣传资料等，以便进行初步的比较。着重从以下几个方面考查。

（1）拖拉机的适用范围。适用范围包括作业对象和适用环境条件，应选取适用环境条件符合当地使用要求、能保证完成所要求的作业内容的机型。

（2）拖拉机的配套机具。选购拖拉机时，尤其要注意对配套机具进行考虑，如配套机具是否相近，挂接装置能否保证有效连接，作业速度、装机容量等是否与使用条件相当等。

（3）作业性能。拖拉机的作业性能要与当地的农艺要求相适应，不同的地区耕作习惯不同，对拖拉机的要求也不一样。此外，还有作业质量的要求。为了保证作业质量达到要求，一般选购拖拉机时，应使其性能指标略高于作业对象所要求的性能指标。这是因为拖拉机在一定的使用时间内，由于机件的磨损，其性能指标是在一定范围内变化的，特别是农田作业，受作物及田间条件的影响很大，偶然性因素很多，往往都会使拖拉机的性能指标降低。

（4）能源消耗和人力占用量。能源消耗是指工作过程中所消耗的燃料；人力占用量是指完成作业所需要的人数及劳动强度的高低。能源消耗应以完成相同的作业耗能低的为好，人力占用量应根据自己的条件考虑。

（二）经济性原则

经济性，通俗点讲就是“值不值”。一般从两方面来考虑，首先是现实效益，也就是直接效益；其次是潜在能力。购机时要着重从现实生产规模、经济条件考虑，不要片面地追求自动化程度和多功能。大多数情况下，自动化程度和功能齐全往往与拖拉机的价格和繁杂程度有密切的关系，就目前拖拉机生产水平和用户使用水平来看，拖拉机的功能越多，发生故障的机会就越大，可靠性也就越低，其作业成本也就越高。

拖拉机的潜在能力是指进一步扩大再生产的能力，从生产能力的角度看，选购拖拉机时要在满足当时生产规模要求的基础上留有一定的余地，以便进一步扩大生产规模。

（三）配套性原则

在选购新的拖拉机时，要考虑的另一个方面是准备购置的拖拉机与已有的农机具的配套性，要搭配合理，相互适应，特别要注意以下几点。

(1)生产能力要大体上一致或相容(成倍数关系)，减少不必要的浪费。

(2)作业程序上要尽可能不交叉，不互相干涉。

(3)相互间的连接要恰当，以便于装卸，特别是与拖拉机配套的农田作业机具，要注意挂接方式、挂接点位置等要能满足作业要求，并且要有一定的调整范围。

(4)动力配套要留有一定的余地，动力输出部位要与农机具一致，功率大小要协调。

(四)标准化原则

标准化是指拖拉机的结构参数、动力参数及零配件的标准化、通用化程度，这一点对用户来说很重要。通用性好、标准化程度高的拖拉机，维修方便，配件易购，相对维修成本低，有效利用时间多，经济效益高。

(五)安全性原则

安全性一般指作业安全性和人身安全性两个方面。作业安全性是拖拉机具有维持正常生产的属性，即机器的内部属性。例如，工作中防止过热现象的热保护，防止有害物质的外漏及对加工对象损坏的措施等。人身安全性主要是指避免有碍人体安全的缺陷。例如，是否有必要的安全防护措施，环境噪声、安全警示标志是否合格、齐全等。

(六)企业信誉原则

拖拉机的型号、规格确定之后，购机时还要看企业的信誉程度、实力和用户服务情况。

应尽可能购买信誉高、实力强、用户服务好的企业产品，这对维护购机者自身的利益是有好处的。

(七)考虑合适的型号及功率

选购时要考虑拖拉机的用途及使用的自然条件，即购买拖拉机主要用途是什么，在什么条件下使用。这就要求知道当地作业量的多少和地形状况等。田块大、地平、作业量多时，特别是运输作业量多时，应选购功率大一些的四轮拖拉机；反之，选购手扶式或功率小些的拖拉机。

(八)考虑拖拉机的各种性能

拖拉机的性能包括动力性能、经济性能以及使用性能。在选购小型拖拉机时应考虑选择各方面性能优良的机型。动力性能好，即反映拖拉机的发动机功率足，牵引能力强，加速能力好，克服超负荷的水平高；经济性能好，即反映拖拉机的燃油消耗量少，使用、维修费用低，经济合算；使用性能好，即拖拉机操作灵活，方便可靠，安全舒适，使用中故障少，效益高，零部件的使用寿命长，能适合农户各种类型的作业，使农户增产增值。

(九)考虑两轮驱动还是四轮驱动

拖拉机的驱动形式有两轮驱动和四轮驱动两种，两轮驱动就是发动机的动力只传递给两个后轮，四轮驱动是指把驱动力传递给前、后轴 4 个车轮。两轮驱动是小型拖拉机应用最广泛的方式，大功率的拖拉机多为四轮驱动。两轮驱动的拖拉机具有效率高、结构紧凑的优点。四轮驱动的拖拉机具有优越的行驶稳定性和强大的通过性，适合大面积的作业，可使多种作业一次完成，具有较高的作业效率。

二、选购拖拉机的注意事项

(1)注意收集和了解各制造厂的情况,如企业的信誉、产品的质量稳定与否、售后服务如何等。

(2)注意所购机型的零配件供应是否充足,购买是否方便。

(3)注意配套农具是否齐全,性能是否可靠等。

(4)查看质量认证标志。好的农机产品大多获得国家有关技术鉴定部门颁发的合格证书和证章,如农业机械推广许可证、生产许可证和强制性产品认证标志等,这样的产品是有质量保证的,但要注意识别证章的真伪。

(5)注意查看是否有齐全的随机文件、备件。主要包括使用说明书、三包凭证(保修卡)、产品合格证、随机备件及工具等。要注意使用说明书上的型号、指标要与产品对上号,如拖拉机产品装配的发动机型号和功率等。

三、选购拖拉机时的技术检查

拖拉机出厂以后,一般到销售部门要经过运输、装卸,有时会由于挤压、碰撞而使外部零件变形或损失,也可能丢失。因此,在选购时,需经过技术检查才能购买。选购时,要从整机性能和整机质量两个方面进行衡量,具体做好以下几个方面的检查。

(一)外观质量检查

外观质量检查主要是检查整机的装配质量和外观质量。在进行小型拖拉机选购时,一是注意检查外观质量,包括覆盖件的涂漆质量和各机件的制造质量。拖拉机应外表清洁,涂层和电镀表面均匀、光亮,没有漏喷、起皮、脱落和生锈等缺陷;零部件应齐全、完整,无损伤和残缺,安装正确;各铸件的表面光滑,不得有裂缝,焊接部件的焊缝要平整、牢固;对于发动机与机体、发动机气缸盖、高压油泵和油路接头、驱动轮、机架与变速器等重要部件,要检查其连接螺栓是否齐全、可靠,不能有渗油、漏油现象。二是看各仪表及灯具是否齐全、有效。可以用打开发动机减压杆,慢慢摇动发动机的方式,查看油压表或其他机油压力指示装置有没有压力上升的显示。此外,在机架、油箱等明显位置贴有安全警示标志的小型拖拉机,可以说是有安全保障、能够让用户放心的机型。

(二)启动检查

启动检查主要是检查发动机安装质量和启动性能。在启动发动机之前,应先检查发动机机油、齿轮润滑油的油面高度以及是否有燃油及冷却水。然后用手横向和纵向扳动飞轮,应转动自如,无卡滞、无明显晃动和间隙。减压后,一只手摇转启动手柄,感觉应不轻不重。快速摇动启动手柄,放开减压手柄,活塞应能越过一次压缩行程。一切正常后,再进行启动,检查发动机启动是否困难。加油后,油门供油并减压,摇动启动手柄,应听到清脆的喷油声。启动时,应能一次着火。环境温度在10℃以上,启动时间不超过1 min。发动机运转后,机油指示浮标应当升起,排气呈浅灰色,声音清脆、无异响,突加油门后黑烟很快消失,各仪表电器工作正常。发动机空转时,各部位应无异常声响,无漏油、漏水、漏气现象。任何转速下应无游车、严重冒烟和烧机油现象。

（三）操作机构检查

操作机构检查主要是检查各操作机构有无卡碰现象，操作是否有效、可靠。扳动离合器手柄，放到“分离”位置时，分离应该彻底；在“接合”位置时，不应有打滑现象；在“制动”位置时，可在原地用人力推动轮胎转动来检查制动器是否可靠。变速杆在挂挡时应有明显的手感，不应有卡碰、挂挡困难或是挂不上挡现象，在停止状态下主变速杆只能从空挡位置挂上一个或不超过两个挡，在行进时不自动脱挡或乱挡。检查转向离合器时，挂上挡，主离合器放在接合位置，握住手柄，驱动轮可以轻便地滚动，扳开转向离合器手柄，则感到推动困难，也可以左右分别检查，握住一侧的手柄，便可向相反方向转动。

（四）起步检查

起步检查主要是检查拖拉机底盘安装质量和各部件性能。拖拉机应转向灵活，离合器分离、接合正常，换挡变速轻便，制动可靠，直线行走不跑偏。另外，还应检查轴承盖是否发热，发电照明是否良好，液压悬挂是否正常，轮胎气压是否标准。

（五）其他检查

主要是检查拖拉机的随车附件、配件和工具，以及说明书、合格证等技术资料是否齐全。选定好机型后，要对照装箱单清点使用说明书和随机物品，验证产品合格证与机型的编号是否一致，还要让销售单位或生产企业开具销售发票。销售发票不仅是用户购机付款的凭证，还是用户将来办理牌照等手续所必需的单据。一定要查验和填写三包服务卡，国家对农机产品的维修有明文规定，三包服务卡是用户购买的产品发生质量问题时向生产企业要求保修和索赔的依据。

四、核对票据

检查拖拉机与其铭牌是否相符。发动机号、车架号、产品合格证以及出厂日期等都是一台拖拉机的身份特征。核对时，一定要注意合格证上的号码要与拖拉机上的发动机号和车架号一致，从拖拉机出厂日期中了解拖拉机从产到销的大致时间，判别其是否为积压存货等。另外，车型、排量、功率、发动机类型等均要与使用说明书一致，否则可能是用高价钱买了低价货，甚至可能导致无法办理正规手续。

第三节　拖拉机机型推荐

一、履带式拖拉机机型推荐

东方红-C1002/C1202/C1302系列拖拉机是中国一拖集团有限公司根据市场和国内外用户对中等、大功率履带式拖拉机的使用要求，针对东方红-1002/1202系列拖拉机存在的不足而推出的农业通用型履带式拖拉机。该系列拖拉机采用了中国一拖集团有限公司与英国里卡多公司合作开发的具有国际先进水平的东方红-LR6105系列柴油发动机。该系列发动机油耗低，启动方便；整机动力性、经济性、零部件可靠性、操纵舒适性都有较高水平；外形美观，操纵舒适，工作效率高；驾驶室具有弹性支撑，为焊接式、全密封驾驶室，可选装空调系统；驾驶座为双座位，主驾驶座为活动双扶手、高度可调、靠背可调且带头枕的弹性座位；电气设备为单线制，系统工作电压为24 V。履带式拖拉机的主要技术参数见表3-3。

表 3-3 履带式拖拉机的主要技术参数

型号		东方红-C1002	东方红-C1202	东方红-C1302
轮廓尺寸(mm) 长×宽×高		5 344 ×1 835×2 786		
使用质量(kg)		6 800		
轨距(mm)		1 435		
轴距(mm)		2 774 (拐轴中心至驱动轮中心)		
型号		东方红-C1002	东方红-C1202	东方红-C1302
履带宽度(mm)		390		
接地比压(kPa)		44.4		
变速器	形式	6 F+2 F (啮合套换挡)		
	挡次	速度 km/h,牵引力 kN		
	Ⅰ	3.20/49.3	3.50/49.0	3.71/49.0
	Ⅱ	5.91/34.1	6.47/37.9	6.85/38.9
	Ⅲ	6.72/29.3	7.35/32.6	7.79/33.5
	Ⅳ	7.75/24.6	8.48/27.5	8.99/28.3
	Ⅴ	9.11/20.0	9.99/22.5	10.58/23.1
	Ⅵ	11.85/13.0	13.13/14.8	13.90/15.3
	倒Ⅰ	2.85	3.13	3.31
	倒Ⅱ	5.41	5.93	6.28
柴油机型号		LR6105T21 型柴油机	LR6105ZT13 型柴油机	LR6105ZT14 型柴油机
柴油机形式		直列、水冷、直喷	直列、六缸、四冲程、水冷、直喷、废气涡轮增压	
缸径×行程(mm)		105 ×125		
标定功率/转速 (kW,r/min)		74/2 100	88/2 300	95.6/2 200
燃油消耗率(g/kW·h)		≤242	≤238	≤238
机油消耗率(g/kW·h)		≤2.04	≤2.04	≤2.04

二、手扶式拖拉机机型推荐

GN－121/151 型手扶式拖拉机的性能特点是：GN－121 型手扶式拖拉机为牵引、驱动兼用型拖拉机，结构紧凑，耐用可靠，操作灵活，通过性好，并备有乘坐装备。GN－151 型手扶式拖拉机与 GN－121 型手扶式拖拉机相比，功率更大，效率更高，适用于水田、旱地以及果园、菜园和丘陵地的耕作；配上相应的农机具及附件可以进行犁耕、旋耕、旋田、开沟、播种、运输和其他作业，还可作为排灌、喷灌、脱粒、磨粉、饲料加工等固定作业的动力。

GN－121/151 型手扶式拖拉机可配套以下农机具：100－640 型防滑轮、100－640N 型防滑轮、1LS－220 型双铧犁、1LS－220Y 型圆盘犁、1LYQ－320 型驱动圆盘犁。手扶式拖拉机的主要技术参数见表 3－4。

表 3－4 手扶式拖拉机的主要技术参数

手扶式拖拉机型号		GN－121	GN－151
结构质量（kg）	无旋耕机	350	360
	含旋耕机	460	470
使用质量（包括旋耕机）（kg）		503	513
犁刀轴转速（r/min）		199/250	
外形尺寸（mm）（长×宽×高）		2 680×980×1 240	
梨刀数（pcs）		18	
旋耕耕幅（mm）		600	
手扶式拖拉机形式		单轴、驱动牵引兼用型	
行驶速度（km/h）	前进	1.39，2.47，4.15，5.14，9.12，15.30	
	后退	1.10，4.10	

续表

手扶式拖拉机型号	GN－121	GN－151
轮胎规格	6.00—12	
轮距(mm)	810，750，690，570	
最小离地间隙(mm)	210	
最小转弯半径(m)	1.1(不带旋耕机状态)	
发动机型号	S159N	S1100A2N
发动机形式	卧式、四冲程	
缸径×冲程(mm)	95×115	100×115
活塞总排量(L)	0.815	0.903
压缩比	20∶1	19.5∶1
转速(r/min)	2 000	2 000
1 h功率(kW/hp)	9.07/13.2	10.50/14.30
12 h功率(kW/hp)	8.82/12	9.8/13.33
燃油消耗率(g/kW·h)	258	
机油消耗率(g/kW·h)	≤2.04	
冷却方式	冷凝器(散热器)	

三、轮式拖拉机机型推荐

东方红－SA500系列轮式拖拉机是中国一拖集团有限公司第二装配厂开发的产品，该系列机型有大功率拖拉机、中功率拖拉机和小功率拖拉机。特点是功率大，油耗低，牵引力大，作业挡次多(共有8＋4个挡位)，并装有按国际标准制造的后置动力输出轴。因此，该系列拖拉机的作业性能好、生产效率高、用途广泛，能有效进行多种田间作业(如耕地、耙地、旋耕、播种、收割、田间管理、开沟等)、固定作业(如抽水、喷灌、发电、磨面、碾米等)及运输作业等；能在小块土地上作业和在较窄的道路上行驶，既可满足平原、丘陵、牧区、菜园、果园的机械化作业要求，又能满足用户所需的功率要求。东方红-SA500系列轮式拖拉机的主要技术参数见表3-5。

表3-5　东方红-SA500系列轮式拖拉机的主要技术参数

型号	东方红-500	东方红-504
形式	4×2（两轮驱动）	4×4（四轮驱动）
轮廓尺寸(mm) 长×宽×高	3 882×1 715×1 650	
轴距(mm)	1 975	2 010
前轮轮距(mm)	1 350～1 450	1 250
后轮轮距(mm)	1 300～1 600	1 300～1 600
最小离地间隙(mm)	400	300
最小转向半径 (单边不制动)(m)	3.8 ±0.3	4.2 ±0.3
拖拉机结构质量(kg)	1 590	1 780
最小使用质量(kg)	1 830	1 980
额定牵引力(kN)	10	11.2
挡次	理论速度(km/h)	
Ⅰ	2.37	
Ⅱ	3.44	
Ⅲ	5.53	
Ⅳ	7.23	
Ⅴ	10.18	
Ⅵ	14.76	
Ⅶ	22.79	
Ⅷ	31.06	
倒Ⅰ	3.52	
倒Ⅱ	5.10	

续表

型号		东方红-500	东方红-504
倒Ⅲ		7.94	
倒Ⅳ		10.72	
发动机型号		498BT 型柴油机	
发动机形式		直列、水冷、四冲程、直喷燃烧室	
标定功率/转速 (kW,r/min)		36.8/2 200	
标定工况燃油消耗率 (g/kW·h)		≤255.7	
最低燃油消耗率 (g/kW·h)		≤238	
额定工况机油消耗率 (g/kW·h)		≤2.04	
压缩比		18.5∶1	
发动机总排量(L)		3.17	
气缸工作顺序		1—3—4—2	
配气相位	进气门开 进气门关 排气门开 排气门关	上止点前 11° 下止点后 41° 下止点前 49° 上止点后 11°	
进气门间隙(冷态) (mm)		0.3～0.4	
排气门间隙(冷态) (mm)		0.4～0.5	
冷却方式		强制循环水冷	
喷油泵型号		41367－85 左 1 200	
调速器形式		机械离心式全程调速器	
机油泵型式		齿轮泵	

续表

型号	东方红-500	东方红-504
喷油嘴喷油压力(MPa)	20.3 ～ 20.8	
柴油滤清器形式、型号	旋转式 C0708	
水泵形式	离心式	
机油滤清器型号	J0810H	
空气滤清器型号	KL1526	
启动方式	电启动(不用减压)	
启动电动机功率(kW)	3	
电压(V)	12	
发动机净质量(kg)	330	
外形尺寸(长×宽×高)(mm)	810 ×865×828	
空气压缩机型号	TY302	
平均排量(L/min)	70	
额定压力(kPa)	686	

第四节　拖拉机技术保养的基础知识

一、拖拉机的技术保养周期和内容

拖拉机的技术保养是一项十分重要的工作。技术保养工作是计划预防性，不能认为“只要拖拉机能工作，保养不保养没有啥关系。”这种重使用、轻保养的思想是十分有害的。

为了使拖拉机正常工作并延长其使用寿命，必须严格执行技术保养规程。拖拉机技术保养规程按照累计负荷工作小时划分如下。

(1)每班(10 h)技术保养(每班或工作 10 h 后进行)。

(2)50 h 技术保养(累计工作 50 h 后进行)。

(3)200 h 技术保养(累计工作 200 h 后进行)。

(4)400 h 技术保养(累计工作 400 h 后进行)。

(5)800 h 技术保养(累计工作 800 h 后进行)。

(6)1 600 h 技术保养(累计工作 1 600 h 后进行)。

(7)长期存放技术保养(准备停车超过 1 个月以上)。

上述各种技术保养的内容见表 3-6 至表 3-9。

表 3-6　拖拉机每班(10 h)技术保养

序号	技术保养具体内容
1	清除拖拉机上的尘土和污泥
2	检查拖拉机外部紧固螺母和螺栓,特别是前、后轮的螺母是否松动
3	检查水箱、燃油箱、转向油箱、制动器油箱及蓄电池的液面高度,不足时添加
4	按维护、保养图加注润滑脂和润滑油
5	检查并调整主离合器踏板高度
6	检查前、后轮胎气压,不足时按规定值充气
7	检查拖拉机有无漏气、漏油、漏水等现象,如有“三漏”现象应排除
8	按柴油机生产厂家的使用说明书中“日常班次技术保养”要求对柴油机进行保养

表 3-7　拖拉机 50 h 技术保养

序号	技术保养具体内容
1	完成每班技术保养的全部内容
2	按维护、保养图和表加注润滑脂
3	检查油浴式空气滤清器的油面并除尘
4	按柴油机生产厂家的使用说明书中“一级技术保养”要求对柴油机进行保养

表 3－8　拖拉机 200 h 技术保养

序号	技术保养具体内容
1	完成 50 h 技术保养的全部内容
2	更换发动机油底壳润滑油
3	对油浴式空气滤清器的油盆进行清洗、保养
4	清洗提升器机油滤清器，必要时更换滤芯
5	按柴油机生产厂家的使用说明书中“二级技术保养”要求对柴油机进行保养

表 3－9　拖拉机长期存放技术保养

序号	技术保养具体内容
1	若发动机存放不到 1 个月，发动机机油更换不超过 100 工作小时，就不需任何防护措施。若发动机存放超过 1 个月，必须趁热车把发动机机油放净，更换新机油，并让发动机在小油门下运转数分钟
2	将燃油箱加满油，清洗、保养空气滤清器。将冷却系统的冷却水放出(如果使用的冷却液是防冻液则不必放掉)
3	将所有操纵手柄放到空挡位置(包括电气系统开关和驻车制动器)。将拖拉机前轮放正，悬挂杆件放在最低位置
4	取下蓄电池，在其极桩上涂润滑脂，存放在避光、通风、温度不低于 10℃的室内。对普通蓄电池，每月检查 1 次电解液液面高度，并用密度计检查充、放电状态。必要时，添加蒸馏水至规定高度，并用 7 A 电流对蓄电池进行补充充电
5	将拖拉机前、后桥支撑起来，使轮胎稍离地面，并把轮胎气放掉；否则，要定期将拖拉机顶起，检查轮胎气压
6	将整机擦洗干净，在喷漆件表面涂上石蜡，非喷漆件表面涂上防护剂，整机套上防护罩

二、换季保养

(一)拖拉机冬季保养

拖拉机在冬季使用时，由于气温很低，柴油、润滑油的黏度相对提高，流动困难，甚至发生凝结、堵塞等现象；同时，由于润滑油黏度提高，使拖拉机启动阻力增大，发动机启动转速偏低，在压缩行程时，由于气缸与活塞间隙增大而使压缩气体泄漏，并且散失热量相对增多，将造成发动机启动困难；而且道路常常积雪、结冰，增加行驶困难，降低牵引性能，并且容易发生事故。因此，在冬季要注意拖拉机的使用和保养。

(1)入冬前，拖拉机要做一次全面的技术保养，特别要注意燃油系统、润滑系统、变速器和后桥等部位的清洗工作。

(2)准备好冬季作业需用的燃油、机油和齿轮油。气候寒冷地区必须选用合适牌号的燃油。燃油的凝固点应比当地最低气温低 3～5℃，以保证气温最低时柴油不至于因凝固而失去流动性。当气温过低时，即气温为-5℃时，可选用-10 号的柴油；当气温为-14～-5℃时，可选用-20 号的柴油；当气温为-30～-15℃时，可选用-30 号的柴油。发动机油底壳、变速器及后桥等部位必须换用冬季润滑油；严禁在机油内掺入煤油、柴油或黏度低的润滑油进行稀释，以防止机油变质；对于变速器及后桥中的齿轮油，当气温过低时，可掺入低凝点润滑油。

(3)拖拉机发动机、水箱散热器、燃油箱等应做好必要的保温工作，如加装保温套等。

(4)注意拖拉机蓄电池的使用。一般蓄电池电解液的相对密度为 1.28～1.30，应加大蓄电池电解液的相对密度，以避免冻结。将发电机充电电压提高 0.5～1.2 V，以保证向蓄电池经常充足电；如气温过低，应对蓄电池采取保温措施。

(二)拖拉机夏季保养

(1)防止水箱水温过高。夏季，拖拉机的冷却水蒸发、消耗快，出车前必须加足冷却水，并在工作中经常检查水位。对于无水温表的单缸柴油机，要时刻注意水箱浮子的红标高度，如果浮子不能正常使用就应及时修理。

工作中若出现开锅现象，则不要直接加冷却水，应停止工作，使发动机减速运转，待水温降低(约 60℃)后再慢慢添加冷却水，以免水箱遇冷产生裂纹。在打开散热器盖时，要用毛巾等遮住散热器盖或站在上风位置，脸不要朝向加水口，以免被喷出的高温水汽烫伤。

(2)做好冷却系统的保养工作。夏季到来之前要对冷却系统进行彻底的除垢清洁工作，使水泵和散热器水管畅通，保证冷却水的正常循环。此外，还应把黏附在散热器表面的污物及时清除干净。

冷却系统漏水多发生在水泵轴套处，针对履带式拖拉机，应将水封压紧螺母适当拧紧，如无效，表明填料已失效，应及时更换。填料可用涂有石墨粉的石棉绳绕成。轮式拖拉机要注入足够的润滑脂，以确保水泵的正常工作。

(3)调整传动带的张紧度，检查轮胎气压。若风扇传动带过松，易打滑，使风扇和水泵的转速下降，风力不足；若风扇传动带过紧，则轴承负荷过大，使磨损加剧，功率消耗增加。一般要求是：用拇指在传动带中部按压时，传动带下垂量应为 10～15 mm。传动带过松或过紧都应及时调整。

夏季，为避免爆胎，给拖拉机的轮胎充气时以低于标准压力的 2%～3%为宜。

(4)正确使用调温装置。调温装置有自动式(如节温器等)和手动式(如保温帘和百叶窗等)两种。有些驾驶员认为，夏季天热，水温越低越好，常将节温器拆去，这样做，在冷车启动时将大大延长发动机的预热时间，加速零件的磨损。因此，在夏季也不应把节温器拆下。保温帘和百叶窗用来调节通过散热器的风量。夏季一般可不用保温帘,百叶窗也应置于全开位置。

(5)选用黏度高的润滑油。润滑油黏度高可提高其性能,增加密封性。更换拖拉机的润滑油时,要对机油滤清器、集滤器、油底壳彻底清洗一遍。装有转换开关的柴油机,夏季应将其转到“夏”的位置,使机油经过散热再进入主油道,以免润油黏度降低。

(6)注意蓄电池的保养。夏季,蓄电池电解液中的水分容易蒸发,应注意液面的检查,正常液面应高出极板 1～15 mm。蓄电池电解液的相对密度应按规定调小。加液口盖上气小孔要多加疏通。暂时不用的蓄电池要存放在阴凉、通风的地方。蓄电池要经常保持电量,拖拉机长时间不工作时,应将蓄电池拆下,放在通风、干燥的室内,每隔 15 天充一次电。此外,还要保持蓄电池的外部清洁,合理使用和存放。在盛夏时节,拖拉机的作业时间最好安排在早上和晚上,中午尽量不出车。

(7)防止燃油气阻。温度越高,燃油蒸发越快,越容易在油路中形成气阻。因此,夏季应及时清洗燃油滤清器,保持油路畅通;行车中可将一块湿布盖在燃油泵上,并定时淋水以保持湿润,减少气阻的产生。一旦燃油系统产生气阻,应立即停车降温,并用手油泵使油路中充满燃油。

(8)防止发动机爆燃。若发动机因过热产生爆燃,会使气缸上部的磨损增加 3～5 倍,因此,要彻底清除燃烧室、气门头部等处的积炭,并检查及调整供油量和供油时间,以防止爆燃。

(9)合理存放。停车后,最好将拖拉机停放在树阴或通风、阴凉处,在烈日下停放时,要用稻草等将轮胎遮住。夜间最好将拖拉机停放在车库内,露天存放时要用塑料布将其罩好。

第五节 拖拉机的故障概述

一、拖拉机故障的相关概念

拖拉机在使用过程中，随着工作时间的增加，各个零件、合件、组件、总成因受各种因素的影响，逐渐由设计的“应有状态”向使用后的“实有状态”变化，当变化达到一定程度时出现故障。研究、掌握拖拉机零件的变化规律及其原因，适时、合理地进行维护与保养，对于降低使用成本、确保安全、延长使用寿命具有重要意义。

（一）零件、合件、组件及总成的概念

拖拉机是由许多零件装配组合而成的。零件与零件的组合，按其功能可分为若干个单独的零件、合件、组件和总成等。它们各自具有一定的作用，彼此之间有一定的配合关系。将它们有机地组合在一起，便成为一台完整的拖拉机。

(1)零件。零件是拖拉机最基本的组成单元。它是由某些材料制成的不可拆卸的整体，如活塞。

(2)合件。合件是由两个或两个以上的零件组装成一体，起着单一零件的作用，如连杆总成。

(3)组件。组件是由若干个零件或合件组装成一体，零件与零件之间有一定的运动关系，尚不能起单独完整机构作用的装配单元，如活塞连杆组。

(4)总成。总成是由若干零件、合件或组件装合成一体，能单独起一定机构作用的装配单元，如高压油泵总成。

(二)故障的概念

组成拖拉机的各零件、合件、组件、总成之间都有着一定的相互关系,在其工作过程中,这种关系会发生变化,使其技术状况变坏,使用性能下降。人为使用、调整不当和零件的自然恶化是产生此种现象的原因。

拖拉机零件的技术状况,在工作一定时间后会发生变化,当这种变化超出了允许的技术范围,而影响其工作性能时,即称为故障。如发动机动力下降、启动困难、漏油、漏水、漏气、耗油量增加等。

二、拖拉机故障产生的主要原因

拖拉机产生故障的原因是多方面的,零件、合件、组件和总成之间的正常配合关系受到破坏和零件产生缺陷则是主要的原因。

(一)零件配合关系的破坏

零件配合关系的破坏主要是指间隙或过盈配合关系的破坏。例如,缸壁与活塞配合间隙增大,会引起窜机油和气缸压力降低;轴颈与轴瓦间隙增大,会产生冲击负荷,引起振动和敲击声;滚动轴承外环在轴承孔内松动,会引起零件磨损,产生冲击响声等。

(二)零件间相互位置关系的破坏

零件间相互位置关系的破坏主要是指结构复杂的零件或基础件。例如,拖拉机变速器壳体变形、轴承孔沿受力方向偏磨等,都会造成有关零件间的同轴度、平行度、垂直度等超过允许

值，从而产生故障。

（三）零件、机构间相互协调性关系的破坏

例如，汽油机点火时间过早或过晚，柴油机各缸供油量不均匀，气门开、闭时间过早或过晚等，均属协调性关系的破坏。

（四）零件间连接松动和脱开

零件间连接松动和脱开主要是指螺纹连接及焊、铆连接松动和脱开。例如，螺纹连接件松脱、焊缝开裂、铆钉松动和铆钉剪断等都会造成故障。

（五）零件的缺陷

零件的缺陷主要是指零件磨损、腐蚀、破裂、变形引起的尺寸、形状及外表质量的变化。例如，活塞与缸壁的磨损、缸体与缸盖的裂纹、连杆的扭弯、气门弹簧弹力的减弱和油封橡胶材料的老化等。

（六）使用、调整不当

拖拉机由于结构、材质等特点，对其使用、调整、维修保养应按规定进行。否则，将造成零件的早期磨损，破坏正常的配合关系，导致损坏。

综上所述，不难得出产生故障的原因：一是使用、调整、维修保养不当造成的故障。这是经过努力可以完全避免的人为故障。二是在正常使用中零件缺陷产生的故障。到目前为止，人们尚不能从根本上消除这种故障，是零件的一种自然恶化过程。此类故障虽属不可避免，但掌握其规律，是可以减少其危害而延长拖拉机的使用寿命。

三、故障诊断的基本方法

(一)拖拉机故障的外观现象

拖拉机出现故障后往往表现出一个或几个特有的外观现象,而某一外观现象可以在几种不同的故障中表现出来。这些外观现象都具有可听、可嗅、可见、可触摸或可测量的性质。概括起来有以下几种。

(1)作用反常。例如,发动机启动困难、拖拉机制动失效、主离合器打滑、发电机不发电、拖拉机的牵引力不足、燃油或机油消耗过多、发动机转速不正常等。

(2)声音反常。例如,机器发出不正常的敲击声、放炮声等。

(3)温度反常。例如,发动机的水箱开锅、轴承过热、离合器过热、发电机过热等。

(4)外观反常。例如,排气冒白烟、黑烟或蓝烟,各处漏油、漏水、漏气,灯光不亮,零件或部件的位置错乱,各仪表的读数超出正常的范围等。

(5)气味反常。例如,发出摩擦片烧焦的气味等。

拖拉机故障产生的原因是错综复杂的,每一个故障往往可能由几种原因引起。而这些故障的现象或症状一般都通过感觉器官反应到人脑中,因此,进行故障分析的人,为了得到正确的结果,应加强调查研究,充分掌握有关故障的感性材料。

(二)慢性原因与急性原因

在掌握故障的基本症状以后,就可以对具体的症状进行具体分析。在分析时,必须综合该牌号拖拉机的构造,联系机器及其部件的工作原理,全面、具体而深入地分析可能产生故障的各种原因。

分析症状或现象应当由表及里，透过表面的现象寻找内在的原因。查找故障的起因则应当由简单到繁琐，也就是先从最常见的可能性较大的起因查起，在确定这些起因不能成立以后，再检查少见的可能较小的起因。据此可以考虑发生故障的慢性原因还是急性原因。

故障产生的慢性原因一般为机械磨损、热蚀损、化学锈蚀、材料长期性塑性变形、金相结构变化，以及零件由于应力集中产生的内伤逐渐扩大等。这些慢性原因在机器运用的过程中长期起作用，因而可能逐渐形成各种故障症状，症状的程度也可能是逐渐增加的。但是，在不正确进行技术维护和操纵机器的条件下，故障就会加速形成。

故障产生的急性原因是各式各样的，例如，供应缺乏（散热器缺水、燃油箱缺油、油箱开关未开、蓄电池亏电、蓄电池极桩松动或接触不良等）、供应系统不通（油管及通气孔堵塞、滤清器堵塞、电路的短路或断路等）、杂物的侵入（燃油中混入水、燃油管进入空气、电线浸油与浸水、滤网积污等）、安装调整错乱（点火次序、气门定时的错乱等）。

急性原因带有较大的偶然性，常常是由于工作疏忽或保养不当引起的。一经发作，机器便不能启动或工作。这类故障一般是比较容易排除的。

（三）分析故障的基本方法

分析故障的能力主要取决于使用者的经验，从长期的经验中，总结出分析故障的简明方法，原则为：结合构造，联系原理；搞清症状，具体分析；从简到繁，由表及里；按细分段，推理检测。

综合故障症状进行具体分析，首先判定产生故障的系统，例如，柴油机的功率不足，原因可能是在燃油系统和压缩系统两方面，可以观察在发动机熄火时风扇摆动情况，或用气缸压力表测定气缸压缩终了的压力等方法来判明压缩系统的状态。当压缩系统的技术状态可以确信完好时，则判定故障来自燃油系统。在确定故障所在的系统后，还应把系统分段，进一步确定是哪一段产生的故障。例如，燃油系统中输油泵至油箱是低压油路，喷油泵至喷油器是高压油路，前后两段的区别在于，低压油路是共用的，而高压油路则为各缸单独具有的，如果故障在各缸都出现时就可判断故障可能出在低压油路，但故障只在某些缸出现时，其原因可能在高压油路。

按系统分段推理检测，一般可以采用"先查两头，后查中间"的方法。如燃油系统有故障，应当检查燃油箱是否有油，燃油箱开关是否打开，或者观察喷油器是否喷油。如燃油箱方面没问题，再检查油杯是否有油，如果无油则可判定油管堵塞。又如汽油机电系统，应先观察蓄电池连接，用手拉一下搭铁线和火线电桩头是否松动或者火花塞是否发出火花，后看点火线圈及配电器等。

故障的症状是故障的原因在一定的工作时间内的表现，当变更工作条件时，故障的症状也随之改变。只在某一条件下，故障的症状表露得最明显。因此，分析故障可采用以下方法。

(1)轮流切换法。在分析故障时，常采用断续的停止某部分或某部分系统的工作，观察症状的变化或症状更为明显，以判断故障的部位所在。例如，断缸分析法，轮流切断各缸的供油或点火，观察故障症状的变化，判明该缸是否有故障，如发动机发生断续冒烟情况，但在停止某一缸的工作时，此现象消失，则证明此缸发生故障。又如在分析底盘发生异常响声时，可以分离转向离合器。将变速杆放在空挡或某一速挡，并分离离合器，可以判断异常响声发生在主离合器前还是发生在主离合器后，发生在变速器还是发生在中央传动机构。

(2)换件比较法。分析故障时，如果怀疑某一部件或是零件故障起因，可用技术状态完好的新件或修复件替换，并观察换件前后机器工作时故障症状的变化，断定原来部件或零件是否是故障原因所在，分析发动机时，常用此法对喷油器或火花塞进行检验。在多缸发动机中，有时将两缸的喷油器或火花塞进行对换，看故障部位是否随之转移，以判断部件是否产生故障。为了判断拖拉机或发动机某些声响是否属于故障声响，有时采用另一台技术状态正常的拖拉机或发动机在相同工作规范的条件下进行对比。

(3)试探反证法。在分析故障原因时，往往进行某些试探性的调整、拆卸，观察故障症状的变化，以便查询或反证故障产生的部位。例如，排气冒黑烟，结合其他症状分析结果是怀疑喷油器喷射压力降低，在此情形下可稍稍调整喷油器的喷射压力，如果黑烟消失，发动机工作转为正常，即可断定故障是由于喷油器喷射压力过低造成的。又如怀疑活塞气缸组磨损，可向气缸内注入机油，如气缸压缩状态变好，则说明活塞气缸组磨损属实。必须遵守少拆卸的原则，只在确有把握能恢复原状态时才能进行必要的拆卸。

当几种不同原因的故障症状同时出现时，综合分析往往不能查明原因，此时用试探反证法应更有效。

第六节　拖拉机底盘的常见故障与处理

一、传动系统的故障与处理

（一）离合器的故障与处理

1. 离合器打滑

拖拉机起步时，离合器踏板完全放松后，发动机的动力不能全部输出，造成起步困难。有时由于摩擦片长期打滑而产生高温烧损，可嗅到焦臭味。

导致离合器产生打滑的根本原因是离合器压紧力下降或摩擦片表面质量恶化，使摩擦系数降低，从而导致摩擦力矩变小。故障具体原因和排除方法如下。

（1）离合器自由行程（或自由间隙）过小，应及时检查调整。

（2）压紧弹簧因打滑、过热、退火、疲劳、折断等原因使弹力减弱，致使压盘压力降低，更换离合器压紧弹簧或更换离合器总成。

（3）离合器从动盘、压盘或飞轮磨损及翘曲。针对磨损部件进行更换。

2. 离合器分离不彻底

发动机在怠速运转时，离合器踏板完全踏到底，挂挡困难，并有变速器齿轮撞击声。若勉强挂上挡后，不等抬起离合器踏板，拖拉机有前冲起步或立即熄火现象。

离合器分离不彻底的主要原因和排除方法如下。

（1）离合器自由行程过大，调整分离杠杆与分离轴承之间间隙。

(2)液压系统中有空气或液压油不足,进行系统排气并添加液压油。

(3)分离杠杆高度不一致,调整至规定的高度。

(4)离合器从动盘在离合器轴上滑动阻力过大,拆下从动盘对从动盘花键鼓进行修磨并涂油。

3. 离合器异响

离合器在接合或分离时,出现不正常的响声。出现不正常的响声的主要原因和排除方法如下。

(1)分离轴承或导向轴承润滑不良、磨损松旷或烧毁卡滞,更换轴承。

(2)离合器减振弹簧折断,更换离合器从动盘。

(3)离合器从动盘与轮毂啮合间隙过大,必要时更换离合器从动盘或离合器轴。

(4)离合器踏板回位弹簧过软,导致分离轴承跟转,更换回位弹簧。

4. 离合器接合抖动

拖拉机起步时,离合器接合时产生抖动,严重时会使整个车身发生抖振现象。离合器接合抖动的主要原因和排除方法如下。

(1)分离杠杆高度不一致,调整分离杠杆高度。

(2)压紧弹簧弹力不均、衰损、破裂或折断、离合器减振弹簧弹力衰损或折断,更换压紧弹簧或离合器从动盘。

(3)离合器从动盘摩擦表面不平、硬化或粘上胶状物,铆钉松动、露头或折断,更换离合器从动盘。

(4)飞轮、压盘或从动盘钢片翘曲变形,磨修飞轮、压盘,必要时更换离合器从动盘。

(二)变速器的故障与处理

1. 变速器跳挡

拖拉机在加速、减速或增大负荷时,变速杆自动跳回空挡位置。跳挡的主要原因和排除方法如下。

(1)变速器拨叉弯曲变形,校正或更换变速器拨叉。

(2)自锁钢球磨损、自锁弹簧弹力不足或折断,更换自锁钢球或自锁弹簧。

(3)齿轮或接合套严重磨损,更换齿轮或接合套。

(4)同步器磨损或损坏,更换同步器。

(5)外部操纵杆件调整不当,调整各连接杆件至规定要求。

2. 变速器异响

变速器异响包括:

(1)挂入某个挡位时,变速器发出不正常响声,如金属的干摩擦声,不均匀的撞击声等。主要原因和排除方法是该挡位传递路线上的某一对齿轮副轮齿损坏,更换该对齿轮。

(2)变速器在任何挡位均有异响。主要原因和排除方法如下。

①润滑油不足。此时应加注润滑油至正确的油面高度。

②中间轴(从动轴)轴承磨损或调整不当,变速器啮合齿轮磨损严重或损坏。应按规定间隙调整轴承,必要时更换轴承和齿轮。

(3)变速器空挡时有异响。主要原因和排除方法如下。

①润滑油不足,应加注润滑油至正确的油面高度。

②输入轴轴承磨损或损坏,应更换输入轴或输入轴轴承。

③中间轴轴承磨损，应更换中间轴轴承。

3．挂挡困难

挂挡困难包括：

(1)在进行正常变速操作时，可听见齿轮的撞击声，变速杆难以挂入挡位，或勉强挂入挡后又很难摘下来。挂挡困难的原因和排除方法如下。

①主离合器分离不彻底，此时应调整离合器间隙或自由行程。

②同步器磨损或破碎，此时应更换同步器。

③变速器拨叉轴或拨叉磨损，此时应更换拨叉轴或拨叉。

④外部操纵杆件调整不当或有卡滞，此时应按要求检查调整。

⑤锁定机构弹簧过硬、钢球损坏，此时应更换弹簧或钢球。

(2)变速器乱挡。在离合器技术状况正常的情况下，变速器同时挂上两个挡或不能挂入所需要的挡位。主要原因和排除方法如下。

①变速杆球头定位销磨损、折断或球孔与球头磨损、松旷，此时应修复或更换。

②拨叉槽互锁销、互锁球磨损严重或漏装，此时应检查并更换。

③变速杆下端工作面或拨叉轴上导块的导槽磨损过度，此时应更换换挡拨叉或拨头。

(三)后桥的故障与处理

1．运行时驱动桥发出不正常的响声

可分为空挡时、驱动时、滑行时、转弯时和加载时异响。主要原因和排除方法如下。

(1)齿轮油不足、油质变差,特别是油内有较大金属颗粒,此时应检查驱动桥油位,加注规定的润滑油;大小锥齿轮调整不当,拆卸驱动桥,正确调整大小锥齿轮轴承。

(2)差速器半轴齿轮与半轴花键轴或车轮半轴与最终传动花键轴间隙过大,此时应调整至规定的间隙。

2. 驱动桥过热

工作一段时间后,用手探试驱动桥壳体,有烫手感觉,有时伴随噪声。主要原因和排除方法如下。

(1)齿轮油不足或牌号不符合要求,此时应加注规定牌号的润滑油至规定油面高度。

(2)轴承预紧度过大,此时应正确调整轴承预紧度。

(3)大小锥齿轮啮合间隙过小,此时应正确调整大小锥齿轮啮合间隙。

二、行走系统的故障与处理

行走系统的技术状态,不仅影响车辆的使用性能,还对安全行驶有很大的影响,所以必须定期维护和保养,发现问题及时排除,以免造成事故。

(一)轮式拖拉机的故障与处理

1. 轮式拖拉机自动跑偏

拖拉机自动跑偏的主要原因是:

(1)前轮前束调整不当,导致拖拉机自动跑偏。

(2)转向轮偏转角不相等。

(3)主销倾角变化,主销与主销套间隙过大。

(4)方向盘自由行程过大。

(5)转向拉杆球头磨损,间隙过大。

2. 轮式拖拉机前轮偏磨

前轮偏磨的主要原因是:

(1)前轮前束调整不当,导致前轮与地面产生滑动,而不是纯滚动。

(2)转向轮偏转角不相等,导致某一前轮偏磨。

3. 轮式拖拉机前轮摇摆

前轮摇摆的主要原因是:

(1)前轮前束值调整过大或过小。

(2)后倾角过大或过小。

(3)方向盘自由行程过大。

(4)转向拉杆球头磨损,间隙过大。

4. 轮式拖拉机轮胎损伤

轮胎损伤的主要原因是:

(1)轮胎气压过高或过低。

(2)严重的超负荷,前轮前束调整不当。

(3)制动过猛,受不良路段的影响。

5. 全液压方向盘操作费力

方向盘操作费力的主要原因和排除方法如下。

(1)油泵故障,此时应修理油泵。

(2)由于异物或者缺少球,止回阀保持开启,此时应消除异物并清洗滤清器,在底座内放入新球(若缺失)。

(3)安全阀设置不正确,此时应正确校准安全阀。

(4)因有异物,安全阀阻塞或者保持开启,此时应消除异物并清洗滤清器。

(5)由于生锈、卡住等原因,转向机柱在轴衬上活动变得困难,此时应消除产生原因。

6. 全液压方向盘游隙过量

全液压方向盘游隙过量的主要原因和排除方法如下。

(1)转向机柱和回转阀间游隙过量,此时应更换磨损件。

(2)轴和切边销间的耦合游隙过量,此时应更换磨损件。

(3)轴和转子间的花键耦合游隙过量,此时应更换磨损件。

(4)板簧损坏或者疲劳,此时应更新弹簧。

7. 方向盘摇晃,转向不可控制

方向盘摇晃,转向不可控制,车轮操纵在相反方向的才能达到目标方向。主要原因和排除方法如下。

(1)液压转向同步不正确,此时应正确同步。

(2)连接到油缸的管路逆转,此时应正确连接。

8. 车轮不能保持在所需位置

车轮不能保持在所需位置,并需要持续使用方向盘校正。主要原因和排除方法如下。

(1)油缸活塞密封损坏,此时应更换密封件。

(2)回流阀因异物或损坏而保持开启,此时应清除异物并清洗滤清器或者更换控制阀。

(3)控制阀机械磨损,此时应更换控制阀。

9. 前轮振动(晃动)

原因是液压油缸内有空气,此时应排气并消除产生渗透的原因。

(二)履带式拖拉机的故障与处理

履带式拖拉机行走系统由于直接接触泥水等,并受到冲击和振动,工作条件极差,应对其经常进行维护保养。

1. 履带式拖拉机自动跑偏

自动跑偏的主要原因和排除方法如下。

(1)两侧履带的长度不等,此时应调整一致。

(2)两侧履带的紧度不一致,此时应按规定调整。

(3)两侧制动调整不均,此时应按要求调整左右制动器踏板的自由行程。

2. 履带式拖拉机履带脱轨

履带脱轨的主要原因和排除方法如下。

(1)履带过松、张紧弹簧预紧力不够,此时应按规定调整履带张紧度。

(2)履带销轴磨损严重,此时应更换履带销轴。

(3)导向轮拐轴弯曲或轴套磨损严重,此时应更换拐轴。

(4)行走装置各轴承间隙过大,此时应按规定调整轴承间隙。

(5)驱动轮轴弯曲,此时应校正驱动轮轴或更换驱动轮轴。

三、制动系统的故障与处理

(一)制动器失灵

(1)踩下制动器踏板后,拖拉机无停车迹象,且路面无刹车印痕。主要原因和排除方法如下。

①摩擦片磨损严重,此时应更换摩擦片并调整间隙。

②制动器内部进入油或泥水,此时应更换油封橡胶密封圈,

并用汽油清洗制动器内各零件，晾干后装回。

③制动器踏板自由行程过大，此时应松开制动器踏板联锁片，分别调整左、右制动器踏板的自由行程。

④制动压盘内回位弹簧失效或钢球卡死，此时应拆开制动器，更换回位弹簧，用砂布磨光制动压盘凹槽及钢球，用油布擦净再装复制动器。

⑤制动器摩擦片装反，此时应拆卸重新进行安装。

(2)液压式制动系统失灵，踩下制动器踏板时，拖拉机不能明显减速，制动距离过长。主要原因和排除方法如下。

①制动总泵顶杆调整过短，使总泵工作行程减小，造成供油量不足，此时应调整制动总泵顶杆，使总泵顶杆与活塞被顶处有1.5～2 mm 的间隙。

②由于制动频繁，制动器温度过高，使油液蒸发成气体。此时应稍停止使用制动，使制动器降温。

③分泵皮碗翻边，使分泵漏油。此时应更换分泵皮碗，将其调整为正常状态。

④快速接头的密封面密封不严或密封圈损坏而漏油。此时应检查密封，必要时更换密封圈。

⑤压盘与制动盘磨损严重，使制动间隙变大。此时应检查其磨损情况，必要时更换，或调节制动间隙。

⑥制动器液压管路中有空气，此时应排出制动系统中的空气。

(二)制动器分离不开

松开制动时造成忽然“自动刹车”，在路面上可能出现侧滑痕，引起制动器发热，严重时摩擦片烧毁。此故障产生的主要原因和排除方法如下。

(1)制动器踏板自由行程过小，导致制动间隙过小。此时应调整制动器踏板自由行程。

(2)制动压盘回位弹簧失效(太软、脱落或失效)或钢球锈蚀,使制动压盘不能复位。此时应更换回位弹簧或用砂布磨光钢球,必要时更换钢球。

(3)轮毂花键孔与花键轴配合太紧,此时应修锉花键,使两者配合松动,直到摩擦盘能在花键上自由地轴向移动为止。

(4)球面斜槽磨损变形以及摩擦面间有杂物堵塞,此时应修复斜槽,清除杂物。

(5)液压制动活塞卡死,此时应清除油缸中卡滞物,必要时更换活塞或油缸。

(三)制动器异响

此故障现象为制动时发出响声,产生原因如下。

(1)摩擦衬片松脱或铆钉头外露。

(2)制动鼓或压盘变形、破裂。

(3)回位弹簧折断或脱落。

(4)盘式制动器压盘的凸耳与制动壳体内的凸肩之间的间隙过大。

排除方法是酌情修复或更换,修复或更换后要按规定调整间隙。

(四)制动"偏刹"

此故障现象为非单边制动时,拖拉机跑偏。产生原因和解决方法如下。

(1)左右踏板自由行程不一致,此时应重新调整,使左右制动器踏板自由行程基本一致。

(2)某一侧制动器打滑,此时应清洗制动器内各零件,或更换油封。

(3)田间作业使用单边制动后,制动器内摩擦片磨损严重或有油污,此时应更换摩擦片或去除摩擦片上的油污。

(4)两驱动轮轮胎气压不一致,此时应按规定充气。

四、液压悬挂系统的故障与处理

(一)农机具不能提升

农机具不能提升的主要原因和排除方法如下。

(1)油箱缺油,此时应及时添加。

(2)管路堵塞或不畅,此时应清洗滤网等。

(3)回油阀关闭不严,此时应敲击振动壳体、清洗和研磨。

(4)安全阀开启压力过低,此时应调整开启压力。

(5)增力阀漏油,此时应更换、调整增力阀。

(6)油泵内漏,此时应更换零件或更换油泵。

(二)农机具不能下降

农机具不能下降的主要原因和排除方法如下。

(1)回油阀在关闭位置卡死,此时应轻振壳体,人工复位。

(2)主控制阀"升位"或"中立"位置卡死、油孔堵塞,此时应人工复位、清洗。

(3)下降速度控制阀未开,此时应打开下降速度控制阀。

第七节　拖拉机电气系统的常见故障与处理

一、电气系统现象及诊断方法

(一)短路故障

对地线短路是一个电路的正极与地线侧之间的意外导通。

当发生这种情况时，电流绕过工作负载流动，因为电流总是试图通过电阻最小的通路。

由于负载所产生的电阻降低了电路中的电流量，而短路可能会使大量的电流流过。通常，过量的电流会熔断熔断器。如图 3－4 所示，短路绕过断开的开关和负载，然后直接流至地线。

对电源短路也是一个电路的意外导通。如图 3－5 所示，电流绕过开关直接流至负载。这就出现了即使开关处于断开状态，灯泡也会点亮的情况。

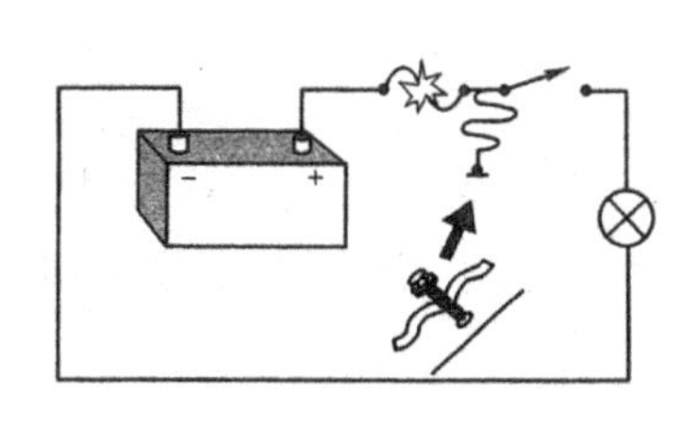

图 3－4　对地线短路

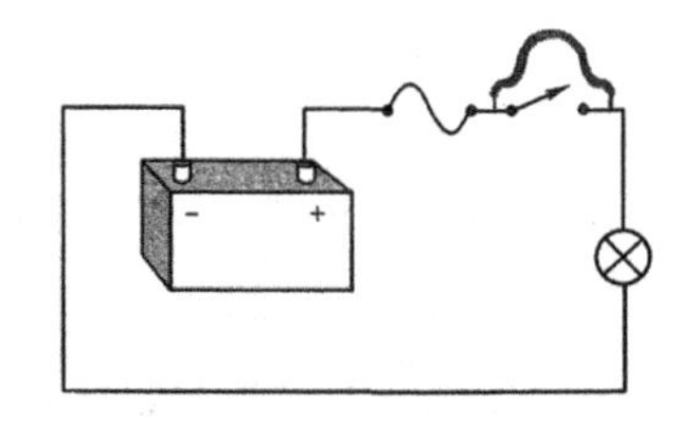

图 3－5　对电源短路

（二）断路故障

断路电路是指拆下电源或地线侧的导体将断开一个电路。由于断路电路不再是一个完整的回路，因此电流不会流通，且电路“断开”。如图 3－6 所示，开关断开电路，并切断了电流。

某些电路是有意而为的，但某些是意外的。如图 3－6 所示，显示了一些意外的“断路”示例。

（三）症状与系统、部件、原因的诊断步骤

诊断工作要求掌握全面的系统工作原理。对于所有的诊断工作来说，修理人员必须利用症状现象和出现的迹象，以确定车辆故障的原因。为帮助修理人员进行车辆诊断，实践中总结出了一个诊断的步骤，如图所示，并在维修中广泛应用。

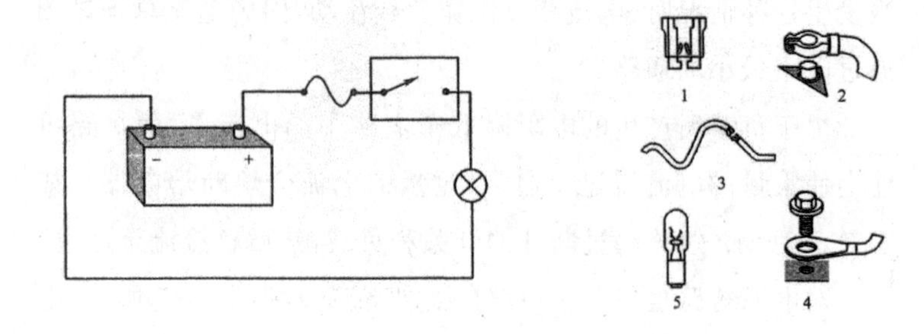

图 3-6 意外的断路

1. 熔断的熔断器;2. 断开了电源;3. 导线断裂;4. 地线断开;5. 灯泡烧坏

“症状与系统、部件、原因的诊断步骤”为使用和维修提供了一个逻辑的方法(图 3-7),以修理车辆的故障。

根据车辆运转的“症状”,确定车辆的哪个“系统”与该症状有关。当找到了故障的所在系统,再确定该系统内的哪个部件与该故障有关。在确定发生故障的部件后,一定要尽力找到产生故障的原因。在有些情况下,仅是部件发生磨损。但是,在其他的情况下,故障原因可能是由该发生故障部件以外的原因造成的。

二、电气故障处理

蓄电池在使用中所出现的故障,除材料和制造工艺方面原因之外,在很多情况下是由于维护和使用不当而造成的。蓄电池的外部故障有外壳裂纹、封口胶干裂、接线松脱、接触不良或极桩腐蚀等。内部故障有极板硫化、活性物质脱落、内部短路和自行放电等。

(一)蓄电池极板硫化

蓄电池长期充电不足或放电后长时间未充电,极板上会逐

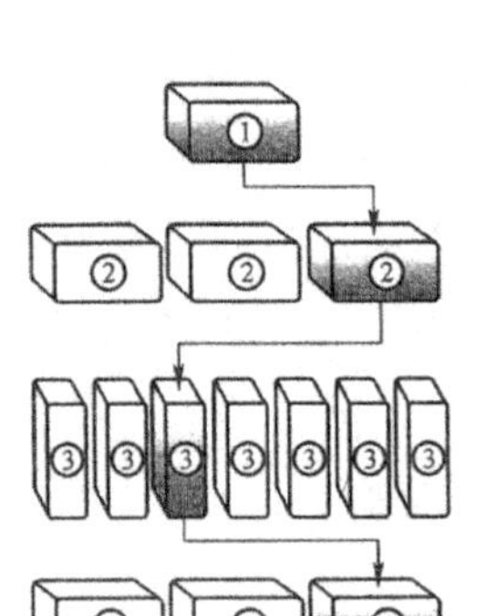

图 3－7　诊断步骤

1. 症状；2. 车辆系统；3. 部件；4. 原因

渐生成一层白色粗晶粒的硫酸铅，在正常充电时不能转化为二氧化铅和海绵状铅，这种现象称之为“硫酸铅硬化”，简称“硫化”。这种粗而坚硬的硫酸铅晶体导热性差、体积大，会堵塞活性物质的细孔，阻碍了电解液的渗透和扩散，使蓄电池的内阻增加，启动时不能供给大的启动电流，以致不能启动发动机。

硫化的极板表面上有较厚的白霜，充放电时会有异常现象，如放电时蓄电池容量明显下降，用高率放电计检查时，单格电池电压急剧降低；充电时单格电池电压上升快，电解液温度迅速升高，但相对密度增加很慢，且过早出现“沸腾”现象。

产生极板硫化的主要原因如下。

(1)蓄电池长期充电不足，或放电后未及时充电，当温度变化时，硫酸铅发生再结晶的结果。在正常情况下蓄电池放电时，极板上生成的硫酸铅晶粒比较小，导电性能较好，充电时能够完全转化而消失。但若长期处于放电状态时，极板上的硫酸铅将有一部分溶解于电解液中，温度越高，溶解度越大。而温度降低时，溶解度减小，出现过饱和现象，这时有部分硫酸铅就会从电解液中析出，再次结晶生成大晶粒硫酸铅附着在极板表面上。

(2)蓄电池内液面太低，使极板上部与空气接触而强烈氧化(主要是负极桩)。在车辆行驶的过程中，由于电解液的上下波动与极板的氧化部分接触，也会形成大晶粒的硫酸铅硬层，使极板的上部硫化。

(3)电解液相对密度过高、电解液不纯、外部气温变化剧烈都能促进硫化。

因此，为了避免极板硫化，蓄电池应经常处于充足电状态，放完电的蓄电池应在24h内送去充电，电解液相对密度要恰当，液面高度应符合规定。

对于已经硫化的蓄电池，不严重者按过充电方法充电，硫化严重者按去硫化充电方法，消除硫化。

(二)蓄电池自行放电

充足电的蓄电池，放置不用会逐渐失去电量，这种现象称为自行放电。

自行放电的主要原因是材料不纯，如极板材料中有杂质或电解液不纯，则杂质与极板、杂质与杂质之间产生了电位差，形成了闭合的“局部电池”，产生局部电流，使蓄电池放电。

由于蓄电池材料不可能绝对纯，并且正极板与栅架金属(铅锑合金)本身也构成电池组，所以，轻微的自行放电是不可避免的。但若使用不当，会加速自行放电。如电解液不纯，当含铁量达1%时，一昼夜内就会放完电；蓄电池盖上洒有电解液，使正负极桩导电时，也会引起自行放电；电池长期放置不用，硫酸下沉，下部相对密度较上部大，极板上、下部发生电位差也可以引起自行放电。

自行放电严重的蓄电池，将完全放电或过度放电，使极板上

的杂质进入电解液，然后将电解液倾出，用蒸馏水将蓄电池仔细清洗干净，最后灌入新电解液重新充电。

（三）电喇叭的故障判断与排除

（1）按下按钮，电喇叭不响。主要原因和排除方法如下。

①检查火线是否有电。方法是用旋具将电喇叭继电器“电池”接线柱与搭铁刮头。若无火花，则说明火线中有断路，应检查蓄电池→熔断器（或熔丝）→电喇叭继电器“电池”接线柱之间有无断路。如接头是否松脱、熔断器是否跳开（熔丝是否烧断）等。

②如火线有电，再用旋具将电喇叭继电器的“电池”与“电喇叭”两接线柱短接。若电喇叭仍不响，说明是电喇叭有故障；若电喇叭响，说明是电喇叭继电器或按钮有故障。

③按下按钮，倾听继电器内有无声响。若有“咯咯”声（即触点闭合），但电喇叭不响，说明继电器触点氧化烧蚀；若继电器内无反应，再用旋具将“按钮”接线柱与搭铁短路；若继电器触点闭合，电喇叭响，则说明是按钮氧化，锈蚀而接触不良；若触点仍不闭合，说明继电器线圈中有断路。

（2）电喇叭声音沙哑。主要原因和排除方法如下。

1）故障现象

①发动机未启动前，电喇叭声音沙哑，但当启动机发动后在中速运转时，电喇叭声音若恢复正常，则为蓄电池亏电；若声音仍沙哑，则可能是电喇叭或继电器有问题。

②用旋具将继电器的“电池”与“电喇叭”两接线柱短接。若电喇叭声音正常，则故障在继电器，应检查继电器触点是否烧蚀或有污物而接触不良；若电喇叭声音仍沙哑，则故障在电喇叭内部，应拆下检查。

③按下按钮，电喇叭不响，只发“嗒”一声，但耗电量过大。故障在电喇叭内部，可拆下电喇叭盖再按下按钮，观察电喇叭触点是否打开。若不能打开应重新调整；若能打开则应检查触点间以及电容器是否短路。

2）电喇叭的检查

①电喇叭筒及盖有凹陷或变形时，应予以修整。

②检查喇叭内的各接头是否牢固，如有断脱，用烙铁焊牢。

③检查触点接触情况。触点应光洁、平整，上、下触点应相互重合，其中心线的偏移不应超过 0.25 mm，接触面积不应少于 80%，否则应予以修整。

④检查喇叭消耗电流的大小。将喇叭接到蓄电池上，并在其中电路中串接一只电流表，检查喇叭在正常蓄电池供电情况下的发声和耗电情况。发声应清脆洪亮，无沙哑声音，消耗电流不应大于规定。如喇叭耗电量过大或声音不正常时，应予以调整。

3）电喇叭的调整。不同形式的电喇叭其结构不完全相同，因此调整方法也不完全一致，但其调整原则是基本相同的。电喇叭的调整一般有下列两项：

①铁心间隙（即衔铁与铁心的间隙）的调整。电喇叭音调的高低与铁心间隙有关，铁心间隙小时，膜片的频率高则音调高；间隙大时则膜片的频率低，音调低。铁心间隙（一般为 0.7～1.5 mm）视喇叭的高、低音及规格而定，如 DL34G 间隙为0.7～0.9 mm，DL34D 间隙为 0.9～1.05 mm。几种常见电喇叭铁心间隙的调整部位的电喇叭，应先松开锁紧螺母，然后转动衔铁，即可改变衔铁与铁心间的间隙，扭松上、下调节螺母，使铁心上升或下降即可改变铁心间隙，先松开锁紧螺母，转动衔铁加以调

整，然后拧松螺母，使弹簧片与衔铁平行后紧固。调整时应使衔铁与铁心间的间隙均匀，否则会产生杂音。

②触点压力的调整。电喇叭声音的大小与通过喇叭线圈的电流大小有关。当触点压力增大时，流入喇叭线圈的电流增大使喇叭产生的音量增大，反之音量减小。

触点压力是否正常，可通过观察喇叭工作时的耗电量与额定电流是否相符来判别。如相符则说明触点压力正常；如耗电量大于或小于额定电流，则说明触点压力过大或过小，应予以调整，先松开锁紧螺母，然后转动调节螺母（反时针方向转动时，触点压力增大，音量增大）进行调整，也可直接旋转触点压力调节螺钉（反时针方向转动时，音量增大）进行调整。调整时不可过急，每次只需对调节螺母转动 1/10 转左右。

（四）启动电路故障

1. 启动机不转

启动时，启动机不转动，无动作迹象。

(1)故障原因。故障原因（以有启动继电器启动系统为例）如下。

①蓄电池严重亏电或极板硫化、短路等，蓄电池极桩与线夹接触不良，启动电路导线连接处松动而接触不良等。

②启动机的换向器与电刷接触不良，磁场绕组或电枢绕组有断路或短路，绝缘电刷搭铁，电磁开关线圈断路、短路、搭铁或其触点烧蚀而接触不良等。

③启动继电器线圈断路、短路、搭铁或其触点接触点不良。

④点火开关接线松动或内部接触不良。

⑤启动线路中有断路，导线接触不良或松脱，熔丝烧断等故障。

（2）故障诊断方法。故障诊断方法如下。

①检查电源（蓄电池）。按电喇叭或开大灯，如果电喇叭声音小或嘶哑，灯光比平时暗淡，说明电源有问题，应先检查蓄电池极桩与线夹及启动电路导线接头处是否有松动，触摸导线连接处是否发热。若某连接处松动或发热则说明该处接触不良。如果线路连接无问题，则应对蓄电池进行检查。

②检查启动机。如果判断电源无问题，用旋具将启动机电磁开关上连接蓄电池和电动机导电片的接线柱短接，如果启动机不转，则说明是电动机内部有故障，应拆检启动机；如果启动机空转正常，则进行以下步骤检查。

③检查电磁开关。用旋具将电磁开关上连接启动继电器的接线柱与连接蓄电池的接线柱短接，若启动机不转，则说明启动机电磁开关有故障，应拆检电磁开关；如果启动机运转正常，则说明故障在启动继电器或有关的线路上。

④检查启动继电器。用旋具将启动继电器上的“电池”和“启动机”两接线柱短接，若启动机转动，则说明启动继电器内部有故障。否则应再做下一步检查。

⑤将启动继电器的“电池”与点火开关用导线直接相连，若启动机能正常运转，则说明故障在启动继电器至点火开关的线路中，可对其进行检修。

2. 启动机运转无力

启动时，启动机转速明显偏低甚至于停转。

（1）故障原因。故障原因如下。

①蓄电池亏电或极板硫化短路，启动电源导线连接处接触不良等。

②启动机的换向器与电刷接触不良，电磁开关接触盘和触

点接触不良，电动机磁场绕组或电枢绕组有局部短路等。

（2）故障诊断方法。启动机运转无力应首先检查启动机电源，如果启动电源无问题，再拆检启动机，检查排除故障。

3. 启动机空转

启动时，启动机转动，但发动机不转。

（1）故障原因。故障原因如下。

①单向离合器打滑。

②飞轮齿环的某一部分严重缺损，有时也会造成启动机空转。

（2）故障诊断方法。若将发动机飞轮转一个角度，故障会随之消失，但以后还会再现，即为飞轮齿环缺损引起的启动机空转，应焊修或更换飞轮齿圈。

4. 驱动齿轮与飞轮齿环撞击

启动时，听到驱动齿轮与飞轮齿环的金属碰击声，驱动齿轮不能啮入。

（1）故障原因。故障原因如下。

①电磁开关触桥接通的时间过早，在驱动齿轮啮入以前就已高速旋转起来。

②飞轮齿圈磨损严重或驱动齿轮磨损严重。

（2）故障诊断方法。先适当调整电磁开关触桥的接通时间，若打齿现象仍不能消失，则应拆检启动机驱动齿轮和飞轮齿圈进行检查。

5. 电磁开关吸合不牢

启动时发动机不转，只听到驱动齿轮轴向来回窜动的“啦啦”声。

(1)故障原因。故障原因如下。

①蓄电池亏电或启动机电源线路有接触不良之处。

②启动继电器的断开电压过高。

③电磁开关保持线圈断路、短路或搭铁。

(2)故障诊断方法。先检查启动电源线路连接是否良好,若无问题,可将启动继电器的“电池”接柱和“启动机”接线柱短接,如果启动机能正常转动,则为启动继电器断开电压过高,应予以调整;如果故障仍然存在,则应对蓄电池进行补充充电。如果蓄电池充足电后故障仍不能消除,则应拆检启动机的电磁开关。

(五)灯光系统及仪表常见故障诊断

1. 灯光系统故障的诊断

(1)接通车灯开关时,所有的灯均不亮。说明车灯开关前电路中发生断路。按电喇叭,若电喇叭不响,说明电喇叭前电路中有断路或接线不良;若电喇叭响,则说明熔断器前电路良好,而是熔断器→电流表→车灯开关电源接线柱这一段电路中有故障,可用试灯法、电压法或刮火法进行检查,找出断路处。

(2)接通车灯开关时,熔断器立即跳开或熔丝立即熔断。如将车灯开关某一挡接通时,熔断器立即跳开或熔丝立即熔断,说明该挡线路某处搭铁,可用逐段拆线法找出搭铁处。

(3)接通大灯远光或近光时,其中一只大灯明显发暗。当大灯使用双丝灯泡时,如其中一只大灯搭铁不良,就会出现一只灯亮、另一只灯暗淡的情况。诊断时,可用一根导线一端接车架,另一端与亮度暗淡的大灯搭铁处相接,如灯恢复正常,则说明该灯搭铁不良。

(4)转向信号灯不闪烁。检查闪光器电源接线柱是否有电。若有电,再用旋具将闪光器的两接线柱短接,使其隔出。如这时转向信号灯亮，表明闪光器有故障；如转向信号灯不亮，可用电源短接法，直接从蓄电池引一导线到转向信号灯接线柱。如灯亮，则为闪光器引出接线柱至转向开关间某处断路或转向开关损坏。当用旋具将闪光器的两接线柱短接并拨动转向开关时，出现一边转向信号灯亮，而另一边不但不亮，且旋具短接上述两接线柱时，出现强烈火花。这说明不亮的一边转向信号灯的线路中某处搭铁，使闪光器烧坏。必须先排除转向信号灯搭铁故障，然后再换上新闪光器。否则新闪光器仍会很快烧坏。

(5)右转向时，转向信号灯闪烁正常，但左转时两边转向信号灯均微弱发光。对于转向信号灯与前小灯采用的双丝灯泡的车辆，当其中一只灯泡搭铁不良时，就会出现转向信号灯一边闪光正常而转向开关拨到另一边时，两边转向信号灯均微弱发光的现象。如右转向时，转向灯闪烁正常，左转时两边转向灯均微弱发光，则说明左小灯搭铁不良。诊断时可用一根线将左小灯直接搭铁，如转向信号灯恢复正常工作，则说明诊断正确。

2. 拖拉机仪表检修注意事项

(1)拖拉机仪表装置比较精密，对其进行维修的技术要求较高，维修时应严格按照各拖拉机使用维修手册的有关规定进行，必要时应让专业人员维修。

(2)拖拉机仪表显示板和母板不仅较易损坏，而且价格较高，因此在使用和检修时应特别谨慎，多加保护，除有特殊说明外，不能用蓄电池的全部电压加于仪表板的任何输入端。在多数情况下，由于检测仪表(如欧姆表)使用不当易造成电路的严重损坏。

(3)静电接铁。在维修电子仪表时，不论在车上还是在工作台上作业，作业地点和维修人员都不能带静电。因此，作业时必须使用一定的静电保护装置。

(4)防止静电放电。人体是一个很大的静电发生器。静电电压依大气条件而变化。如在相对湿度10%～20%条件下走过地毯时,可以产生35 000 V的静电电压。当这样高的静电电压放电时,将对拖拉机上的精密仪表、控制装置等可能造成损坏。因此从仪表板上拆卸母板时应在干燥处进行,注意防止人身上的静电损坏仪表上的集成电路片。作业时应及时使人体接触已知接地点,消除身上的静电,并且只能用手拿仪表板的侧边,而不能触及显示窗和显示屏的表面。

(5)对需要检修的仪表板的拆卸,要按拆装顺序进行,拆装时注意不要猛敲以防本来状况良好的元器件因敲打而损坏。在拆卸仪表板总成之前,应首先切断电源。新的电子仪表元器件应放在镀镍的包装袋里,需要更换时,应从此包装袋中取出,取出时注意不要碰触各部接头,不要提前从袋中取出。

第四章　收获机械的使用与维护

收获是农作物种植的最后一个环节，只有快速高效地将粮食收回仓中，辛苦一年的成果才能得到保障。收获机械在农业机械中种类最多、结构最为复杂，根据收获的作物不同，收获机械包括谷物收获机械、玉米收获机械、棉麻作物收获机械、果实收获机械、蔬菜收获机械、花卉（茶叶）收获机械、籽粒作物收获机械、根茎作物收获机械、饲料作物收获机械、茎秆收集处理机械等类型。

第一节　小麦联合收割机的使用与维护

小麦是北方的主产作物之一。小麦联合收割机可一次完成收割、脱粒、清选等多道工序，是农民增产增收的重要保障。小麦收获是一项季节性很强的工作，必须熟练掌握联合收割机的操作使用方法，正确进行维护保养，才能优质、高效、低耗、安全地完成生产任务。

一、小麦的收获方法

收获作业是农业生产的一个重要环节，季节性强，劳动强度大，直接影响到农产品的产量和品质。小麦收获的方法有：

（一）分段收获法

采用多种机械分别完成割、捆、运、堆垛、脱粒和清选等作业的方法，称为分段收获法。优点是使用的机器结构简单，造价较低；保养维护方便，易于推广。但整个收获过程还需大量人力配合，劳动生产率较低，而且收获损失也较高。

（二）联合收获法

联合收获法是采用小麦联合收割机在田间一次完成切割、脱粒、分离和清选等全部作业的收获方法。优点是生产效率高，减轻了劳动强度，也有利于抢农时，并降低了收获损失。

（三）两段收获法

两段收获法是先用割晒机将谷物割倒并成条铺放在割茬上，经过晾晒使谷物成熟风干，然后用装有拾禾器的联合收割机进行捡拾、脱粒、分离和清选作业。

二、小麦联合收割机的种类

（一）按动力配置方式分类

（1）自走式。自走式联合收割机的行走机构、作业部件的动力都是自身所具有的。其特点是结构紧凑、机动性好、生产率高，如按需要配备系列割台，可收获多种作物。虽然结构复杂，造价较高，近年来仍得到广泛应用，如图 4－1 所示。

（2）背负式。背负式也叫悬挂式，是将收割台和脱粒装置分别悬挂在拖拉机上，割台在拖拉机的前方，一侧输送，分离、清选等项目分布在机组后方，利用拖拉机的动力进行收割脱粒清选作业。其优点是拖拉机可一机多用，不用时拖拉机与收割机可分开。但输送部分太长，变速配套受到一定限制，整体性不如自

图 4－1　自走式联合收割机

走式，安装拆卸较麻烦，如图 4－2 所示。

图 4－2　背负式联合收割机

(3)牵引式。牵引式联合收获机工作时由拖拉机牵引，其结构简单，成本低，但机组庞大，机动灵活性差，不能自行开道，收割作业前需由其他收割机打开割道，现应用较少。

(二)按喂入方式分类

(1)全喂入式。全喂入式是指将作物的茎秆和穗头全部喂入脱粒、分离装置进行脱粒和分离。喂入方式简单，但消耗动力较大。

(2)半喂入式。半喂入式是用夹持输送装置夹住作物茎秆，只将穗部喂入脱粒滚筒，并沿滚筒轴线方向运动进行脱粒，保持茎秆的完整性。对水稻类作物适应性好。其特点是茎秆不进入脱粒装置，简化了机构，降低了功耗。

（三）按行走方式分类

按行走方式分有轮式和履带式两种。轮式行走机构结构简单，成本较低，在长江以北及山区、丘陵地带使用较为普遍。履带式行走机构附着力强，比压低，适合于泥脚较深的水田，如图4-3所示。

图4-3　履带式联合收割机

三、小麦联合收割机的基本结构

小麦联合收割机一般由收割台、中间输送器、脱粒清选部分、发动机、传动和行走部分、液压和电器装置、操纵驾驶系统等部分组成。自走式小麦联合收割机结构如图4-4所示，背负式小麦联合收割机结构如图4-5所示。

（一）收割台

收割台由台面、切割器、拨禾轮、割台推运器等组成。

（1）小麦联合收割机多采用往复式切割器，一般由动刀片、定刀片、护刃器、压刃器、摩擦片、刀杆等组成，结构如图4-6所示。动刀片与定刀片相对做直线往复运动，结构简单、工作可靠、适应能力强、作业幅宽大，纵向尺寸小，目前绝大多数的收割

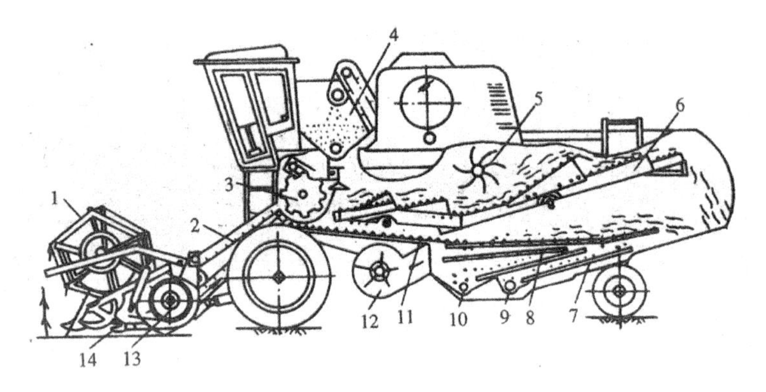

图 4－4　自走式小麦联合收割机

1. 拨禾轮；2. 倾斜输送器；3. 滚筒；4. 粮箱；5. 横向逐稿轮；
6. 键式逐稿器；7. 滑板；8. 筛子；9. 杂余螺旋推运器；
10. 谷物螺旋推运器；11. 抖动板；12. 风扇；13. 割台输送器；14. 切割器

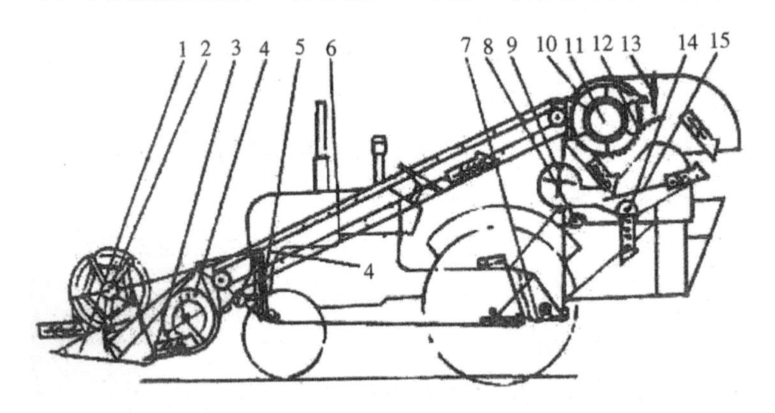

图 4－5　背负式小麦联合收割机

1. 分禾轮；2. 拨禾轮；3. 切割器；4. 谷物螺旋推运器；5. 前支架；
6. 输送槽；7. 后支架；8. 主传动轴；9. 风扇；10. 滚筒盖；
11. 滚筒；12. 凹板；13. 排草轮；14. 谷粒推运器；15. 筛子

机和联合收获机上采用这种形式的切割器，缺点是工作时惯性力较大，机器振动较大。

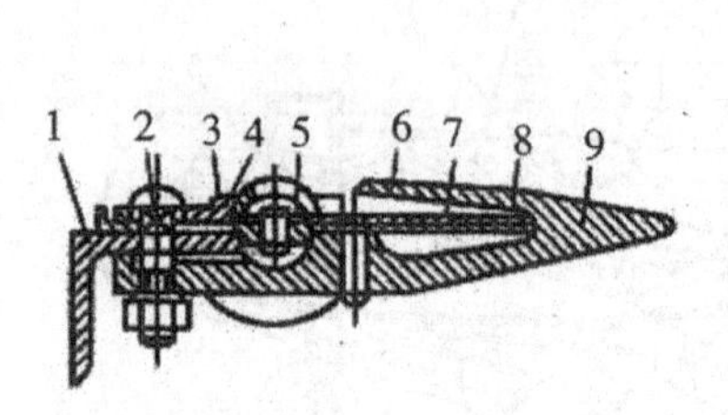

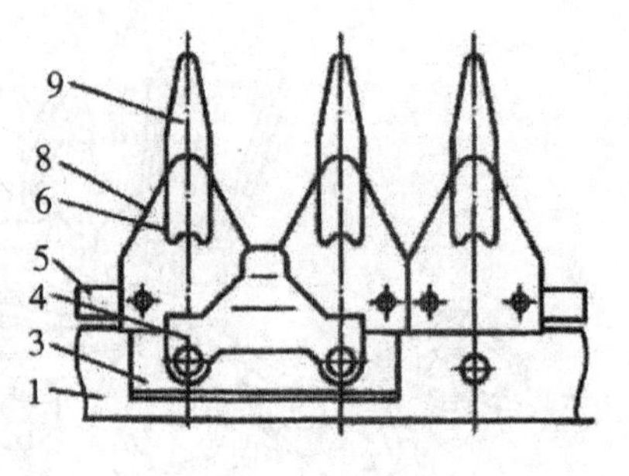

图 4-6 往复式切割器构造

1. 护刃器架;2. 螺栓;3. 摩擦片;4. 压刃板;5. 刀杆;
6. 护板;7. 定刀片;8. 动刀片;9. 护刃器

(2)拨禾轮是联合收获机的辅助工作部件,有普通拨禾轮和偏心拨禾轮两种。其作用有三:

①扶倒。在割刀割稻麦之前,提前将倒伏的作物扶起,以待切割。

②扶持切割。在割刀割谷物的时候,谷物会向前倾斜,用拨禾轮扶持住以便切割。

③铺放作用。在割完之后,作物的倾斜方向不能确定,用拨禾轮可以将割下的作物顺利地推倒在割台上以便输送。

(二)脱粒部分

脱粒部分由脱粒机构、分离机构、清选装置和输送机构等构成。

(1)脱粒机构按脱粒元件的形式可分为纹杆滚筒式、钉弓齿滚筒式和组合式等。

小麦联合收割机多采用纹杆滚筒式脱粒装置,主要由纹杆滚筒与栅格式凹板组成。纹杆与滚筒的圆周方向成一定的角度,从而产生左纹和右纹两种,有利于防止谷物层的横移。凹板一般是整体栅格式，它由横络板、侧弧板和筛条组成。工作时，在喂入口谷物受到高速运动纹杆的抓取和冲击作用，并将谷物拖进脱粒间隙。由于谷物层受到凹板的阻滞作用，纹杆在谷物层表面存在滑动，这样受到纹杆的多次冲击与搓擦。随着脱粒间隙的变小，谷物逐渐减薄，最后难脱的粒被脱下，并被抛出脱粒间隙。如图 4－7 所示。

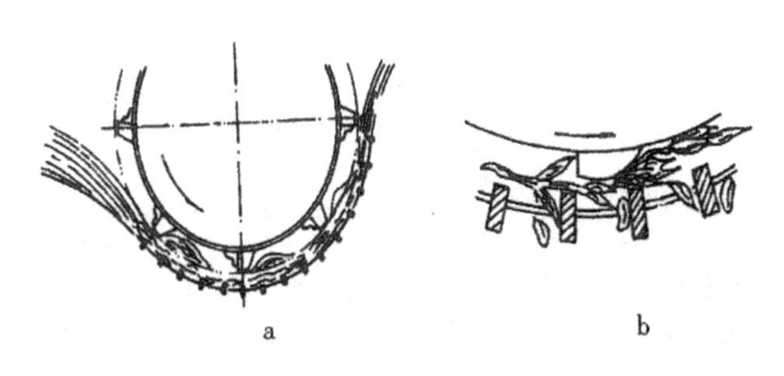

图 4－7　纹杆式筒式脱粒装置的工作过程

a.纹杆工作示意图；b.凹板的脱粒作用

钉齿滚筒式脱粒装置由钉齿滚筒和钉齿凹板组成，利用钉齿对谷物的强烈冲击以及在脱粒间隙内的搓擦而进行脱粒(图 4－8)。抓取能力强，对不均匀喂入和潮湿作物有较强的适应性。但由于断秆率较高，分离效果较差，给分离装置和清选装置的工作造成一定的困难。

(2)分离机构用以分离由脱粒装置送来的滚筒脱出物，将其中谷粒及断穗分离出来，并将长茎秆排出机外，多采用键式逐稿器，如图 4－9 所示。

经脱粒装置脱下的和经分离装置分离出的短脱出物中混有断、碎茎秆、颖壳和灰尘等细小夹杂物。清选装置的功用就是将混合物中的籽粒分离出来，将其他混杂物排出机外，以得到清洁的籽粒。

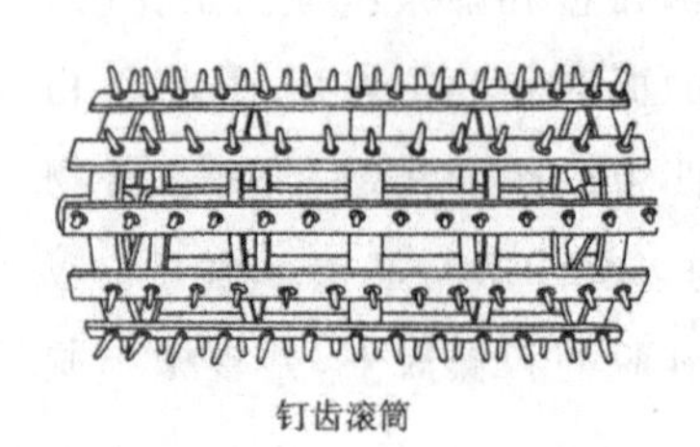

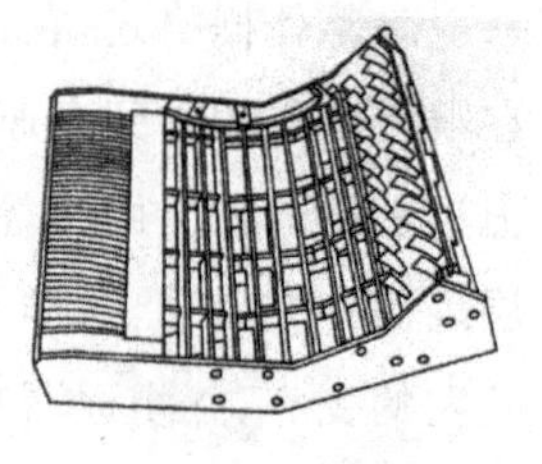

图 4-8 钉齿滚筒式脱粒装置

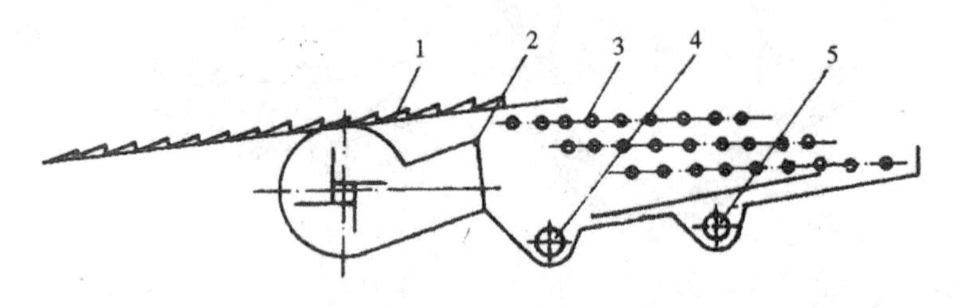

图 4-9 分离清粮装置

1. 键式逐稿器;2. 风扇;3. 筛子;4. 螺旋推运器;5. 杂余推运器

（三）液压系统

液压系统由操纵和转向两个独立系统组成。分别对割台的升降、拨禾轮的升降、行走的无级变速、卸粮筒的回转、滚筒的无级变速及转向进行操纵和控制。

（四）电气系统

电气系统分电源和用电两大部分。电源为蓄电池和一个硅整流发电机。用电部分包括启动马达、报警监视系统、电风扇、雨刷及照明等。

（五）行走与操纵系统

行走系统由驱动、转向、制动等部分组成，操纵系统主要设置在驾驶室内，除配有方向盘和行走控制装置外，还有卸粮离合

器手柄、割台拨禾轮升降手柄、无级变速手柄等操作装置。

四、小麦联合收割机工作流程

如图 4－10 所示，工作时，作物在拨禾轮的扶持作用下，被切割器切割。

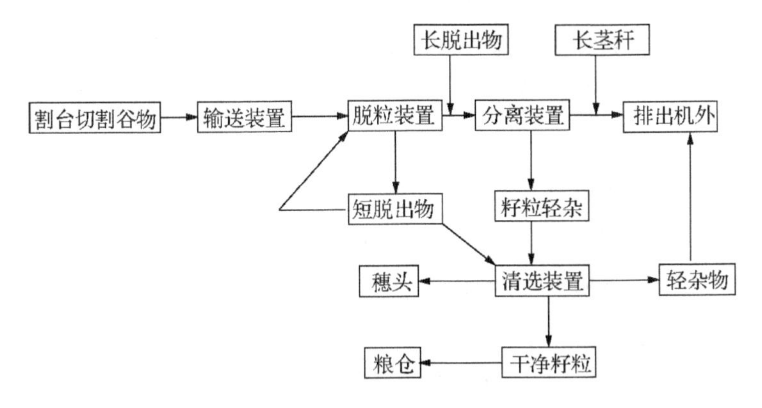

图 4－10　小麦联合收割机工作流程

割下的作物在拨禾轮的铺放作用下，倒在收割台上。收割台推运器将作物从两侧向割台中部集中，伸缩扒指将作物送到倾斜输送器。作物进入脱粒装置，在纹杆式滚筒和凹板的作用下脱粒。大部分脱出物（谷粒、颖壳、短碎茎秆）经凹板栅格孔落到阶梯抖动板上；茎秆在逐稿轮的作用下抛送到键式逐稿器上，经键式逐稿器的翻动，使茎秆中夹带的谷粒分离出来，键面上的长茎秆被排出机外。落在抖动板上的脱出物，在向后移动的过程中，颖壳和碎茎秆浮在上层，谷粒沉在下面。进入清选筛，在筛子的抖动和风扇气流的作用下，将大部分颖壳、碎茎秆等吹出机外，未脱净的穗头经尾筛落入杂余推运器，经升运器进入脱粒装置再次脱粒；通过清选筛筛孔的谷粒，由谷粒推运器和升运器进入粮箱。

五、收割作业前的准备

(一)收割机安全技术检查

联合收割机在作业前的准备,主要是做好各部分安装、检查、调整和润滑,使机器达到正常的工作状态。

(1)割台和脱谷部分各工作部件的安装、检查、调整。

(2)检查各转动部件的技术状态,轴承间隙、轴承的固定、转动是否灵活等。

(3)检查链条和皮带的挂接及松紧度调整。

(4)检查紧固螺栓的紧固情况。

(5)检查操纵机构的可靠性和灵活性,保证操纵准确可靠、灵活方便。

(6)检查各连接处的密封情况,以免工作时漏粮而造成损失。

(7)按润滑规定准确注油润滑。

(二)收割机的试运转

新机或保养后的联合收割机,必须进行试运转磨合。

1. 发动机空转试运转

发动机启动后,先以低速(600～800r/min)空转 5min,然后逐渐增到额定转速,空转 15min。

发动机运转中,应仔细倾听有无异常声音,检查仪表的读数,查看有无漏油、漏水、漏气的地方。一般发动机在低速运转时,机油压力不低于 50kPa。额定转速时,不低于 150kPa。运转中若发现不正常的情况时,应立即停止发动机,查明原因,及时排除。

2. 联合收割机空转试运转

试运转前，将脱粒间隙调至最大，打开各升运器下盖，用手转动前中间轴传动皮带轮，使其各工作部件转动。若各部装配、调整正常，一个人即可转动。

试运转时，从低速、中速至额定转速，共运转 20min。

试运转时应注意发动机工作情况、联合收割机各部件运转情况、传动情况、固定螺栓紧固情况及轴承发热情况等。发现问题，应立即停车，查明原因，及时排除。

3. 联合收割机行走试运转

试运转应由一速开始逐步提高挡位，可按 1 挡、2 挡、3 挡、倒挡顺序，分别左、右转弯，检查转向机构、制动器是否灵敏，离合器联锁机构是否可靠。

试运转中定时升降割台和拨禾轮，检查升降的及时性和准确性，检查行走离合器和制动器的工作情况，注意倾听行走部分有无异常声音，检查变速箱、驱动轮和液压系统有无漏油和过热现象。发现异常声音和不正常现象，应立即停车，查明原因，及时排除。

4. 联合收割机负荷试运转——试割

试割应选择地面平坦、杂草少、生长一致、不倒伏的地块或捡拾已晒干的谷物条铺进行。

试割应从低速开始，逐渐提高速度、增加负荷。试割时，每收割 50～100m，停车检查作业质量、调整工作部件一次，直至达到作业质量要求。试割过程中，经常注意观察，倾听、检查和调整各工作部件，发现问题，查明原因，及时排除，在确保联合收割机有良好的技术状态下，方可正式投入正常作业。

(三)田间准备

1. 了解田间情况

包括了解作物生长、成熟度、倒伏以及地形等情况。凡是影响收割的障碍物,应清除掉,否则,应作出明显的标记,以保证作业安全。

2. 田间区划

根据地块的大小、形状进行合理分区,确定合理的作业路线,以减少转移次数与时间,确定合适的卸粮点、加油点,减少辅助时间。

六、联合收割机作业方法

(一)入区及作业

收割机进入收割区前,接合动力,挂上前进工作挡。应先加大油门使发动机达到额定转速,然后再放松离合器使收割机前行入区作业,作业中应始终保持油门。收割作业中应注意以下几点:

(1)联合收割机作业过程中,应尽量走直线,并保持油门稳定,不允许用减小油门的方法降低联合收割机的行走速度。如感到机器负荷较重时,可以踏下离合器切断行走动力,让联合收割机把进入机器的谷物处理完毕,或负荷正常后再继续前进。

(2)机器收割到地头后,应提升割台,转动方向盘使机器转弯。地头转弯时,割刀虽已不切割作物,但发动机仍应保持大油门运转10~20s,然后才能减小油门慢慢转弯。

(3)驾驶员在作业过程中还应注意收割机各部分工作情况、作业质量、传动工作情况、有无异常声音和异味、各部紧固件是否松动及轴承温度是否正常等。

(4)田块作物全部收割完后，空转2～3min，排出所有喂入的作物，切断工作离合器，同时减小油门，发动机低速空转5min，发动机冷却降温后再熄火。

(二)收割机作业中的调整

1. 拨禾轮的调整

(1)拨禾轮高低的调整。在收割直立作物时，拨禾轮的弹齿或压板应作用在被割作物高度的2/3处为宜。收割高秆作物时，拨禾轮的位置应高些；收割矮秆作物时，拨禾轮的位置应低些，但不能使拨禾轮碰到割刀或割台搅龙。

(2)拨禾轮前后的调整。拨禾轮与切割器、割台搅龙是相互配合工作的。拨禾轮往前调，拨禾作用增强，铺放作用减弱；往后调，作用相反。一般要求拨禾轮在不与割台搅龙相碰的条件下，使拨禾轮轴位于割刀的稍前方。当其调到最后位置时，要求拨禾轮弹齿与割台搅龙间距不小于20mm。

(3)拨禾轮弹齿倾角的调整。当收获直立或轻微倒伏作物时，拨禾轮弹齿一般垂直向下或向前呈15°左右。当收割倒伏作物时，拨禾轮弹齿应向后倾斜15°～30°。

(4)拨禾轮转速的调整。拨禾轮转速一般用无级变速轮来调节。收割一般作物，拨禾轮圆周速度与机器的前进速度相当；收割植株高、密度大的作物，拨禾轮圆周速度应略小于机器的前进速度。收割低矮、稀疏的作物，拨禾轮的圆周速度应稍快于机器的前进速度。

2. 脱粒装置的调整

影响脱粒分离质量的主要因素是滚筒转速、脱粒间隙等。

不同种类的作物脱粒时，滚筒转速、脱粒间隙不同。一般要求是在脱净的前提下，尽量使脱粒间隙大些。在收获成熟度和潮湿度正常的麦类作物时，凹板入口处的间隙为16mm左右，出口处的间隙为6mm左右。在收获潮湿和难脱作物时，脱粒间隙应小些。在调整时，沿轴向脱粒间隙应保持一致。

3. 清选装置的调整

(1)送风量的调整。送风量的大小是否合适，要通过试割时的粮食清洁度和颖糠中夹带籽粒的量来判断。若粮食的清洁度差，粮中有糠，说明风量小；在颖糠中有籽粒，则风量过大。一般收获籽粒大的作物，潮湿、杂草多、成熟度差的作物风量应大些；相反，送风量应小些。因此，收获的早期及早晨和晚上的收割要比收获的晚期和中午收割的风量大些。

(2)清粮室上下筛的调整。上下筛倾斜度过大，粮食清洁度降低；过小则易从筛面跑粮，使损失增大。上下筛开度过大，则增加杂余搅龙的工作负荷，容易造成堵塞；开度过小，没有脱净的穗头会从上筛后部的尾筛上跑掉。筛片开度合适的标志是筛片无堆积、无跑出杂余。

(3)导风板的调整(部分机型无此项调整)。当作物湿度大或杂草多时，应将导风板上调，使气流吹向筛子后边；反之，导风板应下调，使气流吹向筛子前部。

4. 割茬高低的调整

割茬高有利于提高生产效率，减轻滚筒等工作部件的负荷，但不利于以后的翻耕。割茬过低，割刀容易“吃泥土”，使割刀损坏，同时使生产效率降低，滚筒等工作部件的负荷增加。全喂入式联合收割机一般割茬高度的选择范围为10～15cm。

5. 行走速度的调整

联合收割机作业速度的快慢直接影响生产效率和作业质量。行走速度选择的原则是在保证收获质量的前提下，争取最大的生产效率。对于产量高、成熟度差、秆长的作物可选用低速挡工作；反之，可适当提高作业速度。在收倒伏作物时，除尽可能降低割茬外，还要降低行走速度。

（三）作业行走方法

收割机在作业时，一般以机组右侧靠已割区收割，这种收割方法叫左旋法。这是因为收割机的割刀传动装置和接粮台多布置在割台右侧，这样可以避免因割刀传动装置压倒作物而引起漏割，并便于将粮袋卸在已割地上。实际作业中，左旋法收割有以下两种行走方法：

1. 四边收割法

对于长宽相差不多、面积较大的田块，开出割道后，可以采用四边收割法进行收割。当一行开到头时，略微抬起割台，待机器后轮中心线与未割作物平齐后，向左急转弯 30°～40°，然后边倒车边向右转弯，将机组转过 90°，当割台刚好对正割区后停车，挂上前进挡，放下割台，再继续收割，直到将作物收割完毕。

2. 双边收割法

这是一种比较常用的作业方法，适用于长度比较长、宽度比较窄的狭长形田块。先用四边收割法沿田边外圈割出 3～4 圈后，自第 4 圈或第 5 圈起，只沿长度方向收割。机组从一侧割到头后，通过大转弯方式绕过已割出的田头至另一侧长度方向继续收割。用这种方法行走，机组虽然有田头空行程，但不用倒车，因而仍能发挥出较高的效率。

在具体作业时，操作手应根据地块实际情况灵活选用。总的原则是：一要卸粮方便、快捷；二要尽量减少机车空行。

七、联合收割机作业安全操作规则

(1)坚持操作责任制，应确定专人负责，不允许非驾驶人员驾驶联合收割机。

(2)按规定启动发动机，预先检查变速杆挡位，各传动离合器处于分离位置。

(3)准确地运用信号，接合作业离合器和行走离合器前，必须发出信号，以确保机器和人身的安全。

(4)联合收割机工作时，不允许触动机器的各工作部件，各种调整和保养只有在停车切断动力后才可进行。

(5)联合收割机工作时，允许最大坡度为15°，上下坡时不允许换挡。在斜坡上停车时，要用刹车制动，并用定位器卡住刹车踏板。

(6)经常检查制动器和转向机构的可靠性。

(7)卸粮时，禁止人体进入粮箱，用脚或铁锹推送粮食。

(8)禁止用联合收割机拖带其他机器。

(9)机器停车后，应将变速杆放空挡位置，切断作业离合器，在收割台未放到可靠支承物上之前，禁止人员到割台下方，以免割台下降伤人。

(10)及时清理发动机和散热器护罩上的茎秆碎末，排除润滑油、液压油漏油现象，检查电器系统连线和绝缘情况，导线上不应沾有油污。

(11)不许在收获地块内加油、吸烟，夜间禁止用明火照明，配备良好灭火器等防火器材。

八、联合收割机常见故障排除

(一)割台部分故障

1. 割刀堵塞

不注意割刀的切割速度,在进入割区时没有采用加大油门的方法,即使联合收割机的性能完好,也会因为割刀往复速度过低(作物的割茬也低的情况下),引起切割力小于被切割作物的阻力而不能把作物的茎秆割断,使割刀产生了阻塞。

排除方法:调小定刀片与动刀片之间的间隙,更换刀片或修理护刃器;在收割时必须将油门放在最大位置,提高行走速度,并适当提高割茬高度。遇到木棒、石头、钢丝等障碍物时应及时清除。

2. 割台前部堆积谷物

收割时割台前部有堆积作物现象的原因有以下几种。

(1)切割器与拨禾轮配合不好。切割器能将作物顺利切割,主要依靠拨禾轮的扶持和铺放作物的作用。如果拨禾轮的位置安装不适当,则会影响拨禾轮的扶持和铺放作物的功能。当拨禾轮外偏向前时,不能有效地将作物扶持住,也不能有效地将作物拨向割台搅龙,从而产生禾秆堆积的现象。出现这种故障时,应把拨禾轮往后调,使拨禾轮尽量靠近割台搅龙,但注意拨禾轮不能与割台搅龙叶片相碰。

(2)作物太矮、生长高度未超过 40cm、产量又很低时容易产生堆积现象。作物太矮,切割后的作物茎秆太短,割台搅龙抓不住,需成堆积状态才可输送,被割作物太短也容易掉到地里,使收割损失率增大。为了解决这一问题,必须尽量降低割茬进行收割。

(3)割台搅龙与底板间隙太大,使搅龙叶片抓不住作物,造成堆积,此时应把割台搅龙向下调,减少间隙。

3. 割台搅龙堵塞

(1)收割的作物太矮、高度未超过 40cm、短茎秆又太多,使其堆积到一定量后才能喂入,造成作物的喂入不均衡而使搅龙堵塞。遇到此情况应降低割台,增加被切割后作物茎秆的长度,利于喂入。

(2)喂入量过大。收割机前进速度太快,当作物产量高(亩产 500kg 左右)、生长高度大于 100cm 时,则切割与喂入量都超过联合收割机的承受能力,使之输送不及时而造成割台搅龙堵塞。此时应降低机器的前进速度。如作物过长,产量过高时应适当提高割茬,减少割幅。

(3)割台喂入口集谷过多。收割机长期工作后容易使喂入口集谷过多。如果不进行清理,就会使作物的输送能力降低,造成割台搅龙堵塞。出现这一故障时应及时清除割台喂入口堆积的谷物。

(4)搅龙浮动不灵活。浮动装置能使作物喂入量变化时,搅龙在一定范围内,仍能较好地发挥其输送谷物的功能。这个装置由浮动弹簧控制,随喂入往返大小自动调整搅龙叶片与割台底板的间隙。如失去作用,则在谷物喂入量不均衡情况下,产生搅龙堵塞。

排除方法:调整弹簧的预紧力,检查清理浮动滑块,加润滑油。

其他原因还有搅龙传动皮带过松,割台底板变形等,这就需要调整或更换。

(二)脱粒清选系统故障

1. 滚筒堵塞

脱粒滚筒在工作时应达到所需的功率和转速,否则容易造成脱粒不清和滚筒的堵塞,因此在收割作业中应保持大油门,同时注意作物的喂入量要均衡,时多时少极易造成堵塞。出现时多时少的情况多数是在收割倒伏作物,这时,机手应适当控制机车前进速度、割幅宽度、割台高度,使作物均匀地进入脱粒滚筒。

脱粒滚筒传动皮带过松易使脱粒滚筒转速降低,也会造成脱粒能力不足而堵塞。因此,要经常检查传动皮带张紧度。另外,作物太湿或不够成熟也容易引起堵塞。因此,应选择成熟、干燥的作物收割。

排除方法:首先关闭发动机,清除阻塞茎秆,然后针对故障原因,检查皮带松紧度和滚筒转速,使皮带松紧和滚筒转速符合要求;降低前进速度或提高割茬或减少割幅,以减少喂入量;适当延迟收割或降低喂入量;将油门拉到位,使发动机达到标定转速。

2. 滚筒脱粒不净

脱粒不净是联合收割机的常见故障。产生原因:一是喂入量过大或喂入不均匀,使作物不能充分脱粒;二是作物未成熟、湿度大、作物品种难脱粒;三是齿杆或脱粒齿磨损,脱粒筒与凹板间隙过大,降低了脱粒效果;四是脱粒筒转速太低,造成脱粒筒打击力不足。

排除方法:减小凹板出口间隙;提高滚筒转速;降低收割机前进速度或减少割幅;更换纹杆或钉齿;更换、修复凹板栅条。

3. 籽粒破碎率高

排除方法:降低滚筒转速;调大脱粒间隙;适当减少复脱器

的搓板数;适当减小风扇的进风量,开大筛前段开度,以减少进入杂余搅龙的数量。

4. 清选损失偏多

造成原因是作物的枯叶较多,谷物潮湿。由于筛子的结构及振动有一定限度,清选筛效果好坏受一定条件的影响。当谷物籽粒含水量超过机器设计规定时,则清选效果不好,特别是在夜间湿度大,或阴雨天,极易造成筛孔堵塞,清选不佳,产生谷物往机外抛撒的现象。同时谷物潮湿也使脱粒滚筒难以脱粒,凹板筛的筛孔容易堵塞。所以收割的作物必须干燥,遇到湿度过大的天气,不应进行收割作业。

另外,脱粒滚筒转速过低;齿杆或脱粒齿磨损;脱粒筒与凹板间隙过大等因素也容易使杂草夹带严重。

排除方法:调大筛片开度;筛孔堵塞及时清理,调整调风板开度,使风量适度;降低收割机前进速度;提高割茬,以减小喂入量;降低滚筒转速,减轻清选负荷。

九、联合收割机技术保养

(一)作业前技术保养

(1)收割机启动之前,首先检查机油、柴油、水,再检查电瓶是否充足电,查看线路是否良好,按照说明书要求加满油、水,充好电,再检查皮带及链条的松紧程度,必要时按说明书要求进行调整。

(2)割台部分要注意切割器、动刀杆头连接螺栓是否松动,动刀与定刀之间的间隙是否过大,易磨损地方要按规定添加润滑油。

(3)打开脱粒部分后盖,检查脱粒齿杆有没有磨损过度,搅龙是否有异物堵塞，筛网是否破损，如发现问题，应及时进行清理、维修。

（二）联合收割机的每日技术保养

1. 清理

每天工作前彻底清除滚筒、凹板、抖动板、清选筛上的颖壳、麦芒等附着物，清理拨禾轮、切割器、喂入搅龙、皮带和链条各转动部位的缠绕和堵塞物，清理发动机冷却水箱散热器孔的麦糠、杂草等堵塞物。

2. 清洗

小麦收获季节气温很高，必须保证发动机散热器具有良好的通风性能。散热器经清理后，用具有一定压力的水冲洗干净或用毛刷清洗干净。要保证散热器网格间无杂物和附着物。

3. 检查

切割器有无损坏，各紧固部位是否松动。

(1)过桥链耙是否松动，张紧度是否适当，及时调整紧固。

(2)检查纹杆、凹板和滚筒轴承是否松动，及时调整和更换。

(3)三角带和链条的张紧度是否适宜，带轮、链轮是否松动。

(4)检查液压系统油箱的油位情况，油路各连接接头是否渗漏，法兰盘连接与固定是否松动。

(5)检查发动机水箱、燃油箱、柴油机底壳水位和油位，不足时，应及时添加。

(6)清洁蓄电池，疏通塞盖上的通气孔，清除导线和极柱上的氧化物并检查各导线接头连接是否牢固紧密。

(7)检查滚筒入口处密封板、抖动板前端板、脱谷部分各密封橡胶板及各孔盖等处密封状态，是否有漏粮现象。

(8)检查转向和刹车机构的可靠性。

(9)清理发动机空气滤清器的滤芯和内腔通气道。

(10)检查驾驶室中各仪表、操纵机构是否正常。

(11)检查轮胎气压和固定情况。

4. 润滑

按润滑表对各润滑点进行润滑。

(三)收割机的入库保管

联合收割机每季工作结束后,应妥善保管。要保证机器的完整性,不丢失零件,要预防机件的变形、损坏、锈蚀等,以延长机器的使用寿命。

(1)停机前用大中油门使收割机空运转5min,排除机内杂物等。

(2)彻底清除联合收割机内、外的麦壳、泥污等。按使用说明书要求,润滑各润滑点。对摩擦金属表面,要涂油防锈。

(3)放松安全离合器弹簧和割台搅龙浮动弹簧等。取下全部传动带,擦去污物,涂上滑石粉,系上标签,悬挂存放。卸下链条,放在柴油或煤油中清洗,然后再放入机油中浸15～20min,装回原处或系上标签装箱保管。

(4)全面检查易损零部件,如割台搅龙、伸缩齿杆导管、动刀片、定刀片、摩擦片、滚筒、凹板筛、清选筛等,如有损坏应修复或更换损坏的零部件。

(5)将收割台放下,并放在垫木上。放松平衡弹簧。前后桥用千斤顶顶起,垫上木块。卸下蓄电池,进行检查和保管。

(6)停放联合收割机和零部件的库房,要注意通风、防火,并设有防火设施。保存期间,定期转动曲轴10圈,每月将液压分配阀在每一工作位置扳动15～20次。为防止油缸活塞工作表面锈蚀，应将活塞推至底部。

知识链接

半喂入联合收割机

半喂入联合收割机仅将作物的穗部喂入滚筒进行脱粒，因而滚筒的功率消耗将大大减少，同时它的收获工艺能保证低割茬和茎秆完整，不仅能促进茎秆的综合利用，而且也为农艺后续工序处理提供方便。

半喂入履带式联合收割机将是水稻收获机械的发展方向，图 4－11 为久保田半喂入履带式稻麦联合收割机，具有作业效率高、作业性能好、耐高湿烂田、能有效地对倒伏作物进行收割，操作省力、维护保养简便、耐用可靠的特点，适用于在水田中收割水稻、麦类等作物。

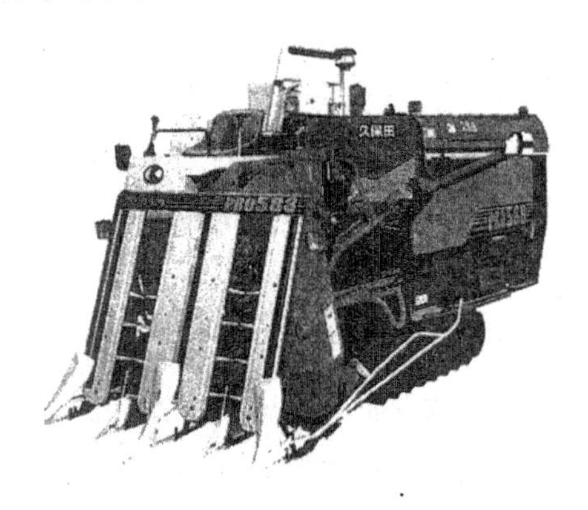

图 4－11　久保田半喂入履带式稻麦联合收割机

第二节　玉米联合收获机的使用与维护

玉米是我国大田主要作物之一，收获作业量大。玉米机械化收获技术是我国近年来重点推广的一项农机化技术。我国目前生产的玉米收获机多为摘剥机，即一次完成玉米摘穗（剥皮）、收集果穗，同时对玉米秸秆进行处理（切段青贮或粉碎还田）等项作业。

在我国大部分地区，玉米收获时的籽粒含水率一般在25%～35%，甚至更高，收获时不能直接脱粒，所以一般采取分段收获的方法。第一段收获用机械对玉米一次完成摘穗、堆集、茎秆一次还田等多项作业；第二段是指将玉米果穗在地里或场上晾晒风干后脱粒。

一、玉米联合收获机的种类

玉米收获机是在玉米成熟时用机械对玉米一次完成摘穗、堆集、茎秆粉碎还田等多项作业的农机具。玉米联合收获机在农业机械化程度较高的国家已发展了近100年。我国从20世纪90年代开始大规模引进开发这项技术。我国目前开发研制的玉米联合收获机大体可分为四种类型：背负式机型、自走式机型、玉米割台、牵引式机型。

（一）背负式玉米联合收获机

背负式玉米联合收获机与拖拉机配套使用可提高拖拉机的利用率，机具价格也较低，相应降低玉米联合收获机的一次性投资。但是受到与拖拉机配套的限制，作业效率较低。目前国内已开发有单行、双行、三行等产品，分别与小四轮及大中型拖拉机配套使用。按照其与拖拉机的安装位置分为正置式和侧置式，一般多行正置式背负式玉米联合收获机不需要开作业工艺道，如图4-12所示。

图 4－12　背负式玉米联合收获机

（二）自走式玉米联合收获机

自走式玉米联合收获机即自带动力的玉米联合收获机。该类产品国内目前有三行和四行机型，其特点是工作效率高，作业效果好，使用和保养方便，但其用途专一。国内现有机型摘穗机构多为摘穗板—拉径辊—拨禾链组合结构，秸秆粉碎装置有青贮型和粉碎型两种，如图 4－13 所示。

图 4－13　自走式玉米联合收获机

（三）玉米割台

玉米割台又称玉米摘穗台。玉米割台的使用是与麦稻联合收获机配套作业，可一次完成摘穗、脱粒、分离、清选等工作，得到清洁的籽粒，扩展了现有麦稻联合收获机的功能，同时价格低廉，每台在1万～2万元。

（四）牵引式玉米联合收获机

牵引式玉米联合收获机是由拖拉机牵拉作业，所以，在作业时由拖拉机牵引收获机再牵引果穗收集车，配置较长，转弯、行走不便，主要应用在大型农场。

二、玉米联合收获机的基本结构

玉米收获机主要由割台、搅龙、升运器、剥皮装置、果穗箱、秸秆还田机、发动机、液压系统、传动系统等部分组成。

收获机沿玉米行间行走，玉米茎秆被分禾器导入割台摘穗导槽，进入摘穗装置，茎秆被对旋的摘穗辊卷入，果穗被挤压而摘下，摘下的果穗由喂入链送至搅龙输送器，再由搅龙输送器输送到升运器，再由升运器升运到果穗箱内，茎秆被机后的秸秆粉碎还田机粉碎还田。

割台是收获机的关键部分，它的主要功能是将果穗摘下，并通过搅龙输送器将果穗推进升运器。割台由机架、传动箱、搅龙输送器、摘穗机构及其他传动部分组成。割台位于收获机的前部，通过前悬架与拖拉机相连接，由液压油缸控制其升降。

升运器功能是将搅龙输送来的果穗提升到果穗箱内。升运器主要由升运主动链轮、升运链条、升运器外壳、刮板及升运被动轴、出粮口组成。果穗箱把摘下的果穗收集在一起，在适当的时候把果穗倾倒在适当的地方。

秸秆还田机悬挂在玉米收获机的后部或中下部，作用是将摘去果穗的玉米茎秆切碎并撒在田间。秸秆还田机工作部件是一个水平旋转的刀轴，利用安装在刀轴上的活动刀体，切碎、撞击秸秆，使其粉碎。秸秆还田机有悬挂架、传动箱、刀轴、刀体、

护罩组成。

(一)摘穗装置

摘穗装置是摘穗机完成摘穗作业的核心装置,其功用是使果穗和茎秆分离。玉米收获机摘穗装置有纵卧辊式摘穗装置、横卧辊式摘穗装置、立辊式摘穗装置、摘穗板式摘穗装置几种,我国生产的玉米联合收获机多采用纵卧辊式和摘穗板式摘穗装置。

1. 纵卧辊式摘穗装置

纵卧辊式摘穗装置由一对相对转动的纵卧式摘穗圆辊组成,利用玉米茎秆与果穗大端直径的差异和果穗与穗柄连接处强度最弱的特性来摘取果穗。为提高摘辊抓取能力,将辊的表面制成带凸纹和凹槽的形状,对茎秆不同状态的适应性好、工作可靠、功耗小,但果穗带有苞叶较多,如图 4－14 所示。

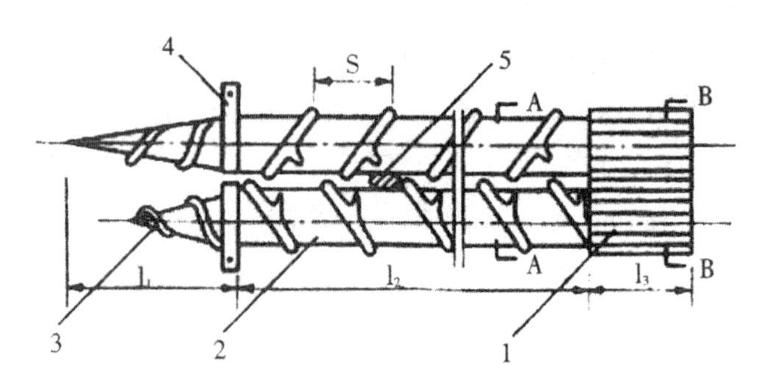

图 4－14　纵卧式摘穗辊

1. 强拉段;2. 摘穗段;3. 导锥;4. 可调轴承;5. 茎秆

背负式和小型自走式玉米联合收获机多采用纵卧辊式摘穗装置,可完成秸秆收获、割前摘穗、果穗剥皮和摘穗后茎秆切碎还田作业。纵卧辊式玉米联合收获机结构如图 4－15 所示。

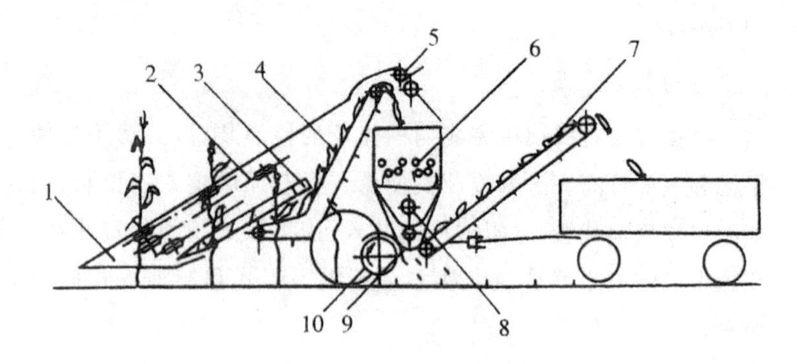

图 4－15　卧辊式玉米联合收获机

1. 分禾器；2. 拨禾链；3. 摘穗辊；4. 第一升运器；5. 除茎器；6. 剥皮装置；7. 第二升运器；8. 苞叶输送螺旋；9. 籽粒回收螺旋；10. 切碎器

2. 摘穗板式摘穗装置

如图 4－16 所示，摘穗板式摘穗装置主要用于玉米割台上，主要由摘穗板、拉茎辊、清除刀等组成。拉茎辊前段为带螺纹的锥体，主要起引导和辅助喂入作用。后段为拉茎段，其断面形状有四叶轮形、四棱形、六棱形等几种。摘穗板位于拉茎辊的上方，工作宽度与拉茎辊工作长度相同。为了减少对果穗的挤伤，常将摘穗板的边缘制成圆弧形。摘穗板的间隙可调，入口为 22～35mm，出口为 28～40mm，具体尺寸根据果穗直径大小在使用中选定。

用摘穗板式摘穗装置摘取果穗，工作可靠且籽粒咬伤破碎少，但玉米穗上的包叶很少被剥离，断秆较多。

3. 立辊式摘穗装置

如图 4－17 所示，立辊式摘穗装置多用于割秆摘穗的机型上。果穗的苞叶剥掉较少，一般情况下工作性能较好。但秆粗细不一致，秆含水量高时，易被拉断，造成堵塞。

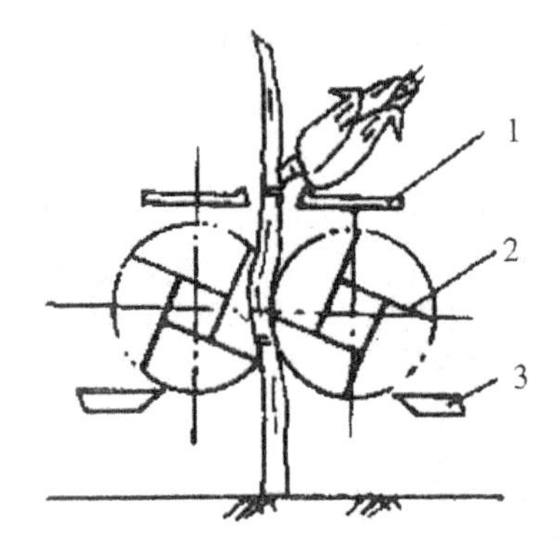

图 4－16　摘穗板组合式摘穗装置

1. 摘穗板；2. 拉茎辊；3. 清除刀

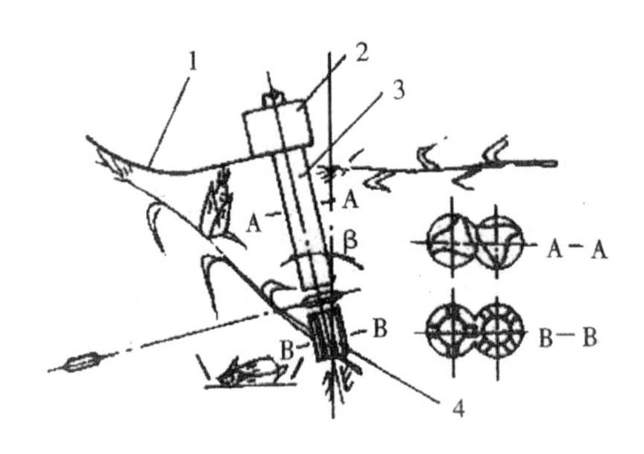

图 4－17　立辊式摘穗装置

1. 挡禾板；2. 传动箱；3. 摘辊上段；4. 摘辊下段

（二）剥皮装置

玉米剥皮装置用于剥除玉米果穗上的苞叶是收割作业中重要的一环，果穗剥除苞叶后便于干燥、储存和脱粒。由一对或多对相对转动的铸铁辊和橡胶辊组成，当果穗靠自重沿剥皮辊表面滑动时，由于不同材料的两个剥辊切向摩擦力不等，使果穗绕自身轴线旋转，苞叶被拉入两辊之间的缝隙，将苞叶剥下。几种不同的结构型式如图 4－18 所示。

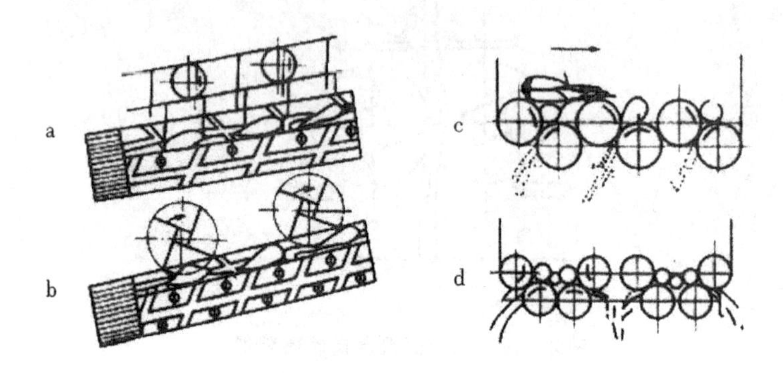

图 4－18　玉米剥皮装置

a.带键式压送器的剥皮装置；b.带叶轮式压送器的剥皮装置

c.V 形配置；d.槽形配置

三、玉米联合收获机的工作过程

机器顺垄前进，分禾器从根部将玉米茎秆扶正并引向拨禾链，将茎秆扶持并引向摘穗器。摘穗辊为纵向倾斜配置，每行有一对，相对向里侧回转。两辊在回转中将茎秆引向摘辊间隙之中，并不断向下方拉送，由于果穗直径较大通不过间隙而被摘落。

摘掉的果穗由摘穗辊上方滑向第一升运器。果穗经升运器被运到上方并落入剥皮装置，若果穗中含有被拉断的茎秆，则由上方的除茎器排出。

剥皮装置由倾斜配置的若干对剥皮辊和叶轮式压送器组成，每对剥皮辊相对向内侧回转，将果穗的苞叶撕开和咬住，从两辊间的缝隙中拉下，苞叶经苞叶输送螺旋推向机外一侧。苞叶中夹杂的少许已脱下的籽粒，在苞叶输送中从螺旋底壳（筛状)的孔漏下,经下方籽粒回收螺旋落入第二升运器,已剥去苞叶的果穗沿剥皮辊下滑入第二升运器与回收的籽粒一起被送到拖车。

经过摘穗辊碾压后的茎秆,其上部多已被撕碎或折断,基部约有 1m 左右仍站立在田间。在机器后方设有横置的甩刀式切碎器,将茎秆切碎抛撒于田间。

有的机器带有脱粒器和粮箱等附件。当玉米成熟度高而一致,且籽粒含水量较低时,可卸下剥皮装置和第二升运器换装脱粒器和粮箱,直接收获玉米籽粒。

四、玉米联合收获机作业前的准备

(一)作业前田间准备

(1)收获前 10～15 天,应了解玉米的倒伏程度、种植密度和行距、最低结穗高度、地块的大小和长短等情况,做好田间调查,制定好作业计划。

(2)提前 3～5 天,将农田中的渠沟、大垄沟填平,并将水井、电杆拉线等不明显障碍物安装标志,以利安全作业。

(二)玉米联合收获机的调整

1. 摘穗辊间隙调整

作业前,适当调整摘穗辊(或拉穗板)间隙,作业中注意果穗升运过程中的流畅性,以免卡住、堵塞;随时观察果穗箱的充满程度及进卸果穗情况,以免装满后溢出或卸粮时卡堵现象发生。一般两摘辊的工作间隙为茎秆直径的 10%～40%,卧辊间隙一般为 12～17mm。

2. 留茬高度调整

调整秸秆粉碎还田机的作业高度,一般根茬高度为 8cm 即可。调得太低刀具易打土,导致刀具磨损过快,动力消耗大,缩短机具寿命。

3. 剥皮装置调整

剥皮装置在使用中需调整剥辊贴紧程度,每对剥辊应有适度的贴紧力,整个长度上的贴紧力应一致。若入口端有间隙,剥皮效果下降,若出口端有间隙,则会造成堵塞。在 4YW－2 型玉米收获机上,剥辊间压紧力是通过调压螺母来调整的。每对剥辊间压力不可太大,否则会使胶辊磨损过快。

五、玉米联合收获机操作要点

(1)机器进入作业区域前,应再次试运转,并使发动机转速稳定在正常工作转速,方可开始作业,严禁超转速工作。

(2)可先用低 1 挡试收割,并在地中间开出一条车道,并割出地头,便于卸粮车和人员通过及机组转弯。

(3)试割正常,可适当提高一个挡位作业。作业一段后,应停机检查收获质量,观察各部位调整是否适当。

(4)驾驶员应灵活操作液压手柄,使割台和切碎器适应地形要求,并避免切碎器锤爪打土,避免扶禾器、摘穗辊碰撞硬物,造成损坏。

(5)机组工作到地头时,不要立即减小油门,应继续保持作业部件工作运转,以使秸秆被完全粉碎。

(6)发动机冷却水温度过高时,应停车清洗散热器,并及时补充冷却水,但不要立即打开水箱盖,以免烫伤人员,应冷却一段时间或采取保护措施后,再打开水箱盖,补充冷却水。

六、玉米联合收获机的维护保养

(一)玉米联合收获机的日常保养

(1)每日工作前应清理玉米联合收获机各部位残存的尘土、茎叶及其他附着物。

(2)检查各组成部分连接情况,必要时加以紧固。特别检查粉碎装置的刀片、输送器的刮板和板条的紧固,注意轮子对轮毂的固定。

(3)检查三角带、传动链条、喂入和输送链的张紧程度。

(4)检查减速箱、封闭式齿轮传动箱润滑油是否有泄漏和不足。

(5)检查液压系统液压油是否有泄漏和不足。

(6)及时清理发动机水箱、除尘罩和空气滤清器。

(7)发动机按其说明书进行技术保养。

(二)三角传动皮带维护保养

(1)使用中必须经常保持皮带的正常张紧度,皮带过松或过紧都会缩短使用寿命。皮带过松会产生打滑,使工作机构失去效能;皮带过紧会使轴承过度磨损,增加功率消耗,甚至将轴拉弯。

(2)必须防止皮带沾油。

(3)必须防止皮带机械损伤。挂上或卸下皮带时,必须将张紧轮松开。如新皮带不好上时,应卸下一个皮带轮,套上皮带后再把轮装上。同一回路的带轮轮槽应在同一回转平面上。

(4)皮带轮轮缘有缺口或变形,应及时修理或更换。

(5)同一回路用 2 条或 3 条皮带时,其长度应该一致。

（三）传动链条维护保养

（1）经常检查同一回路中的链轮应在同一回转面上，链条应保持适当的紧度，太紧易磨损，太松时则链条跳动大。

（2）调节链条紧度时，把改锥插在链条的滚子之间向链的运动方向掰动，如链条的紧度合适，应该将链条转过 20°～30°。

（3）链条应按时润滑，润滑油必须浇到销轴与套筒的配合面上。平时润滑保养时，可用刷子在链条上刷油润滑，但要注意勿使机油粘到橡胶机件上。

（4）链条定期（工作 50h 左右）润滑保养时，将链条拆卸下来，用煤油清洗晾干后放入机油中加热浸煮 20～30min。冷却后取出链条沥干多余的油，把表面擦干净即可装回链轮上。如不加热浸煮则将链条放入机油内浸泡一夜也可。

（5）链条如果在作业中经常出现爬到链轮齿顶上（爬齿），或者经常出现跳齿现象，说明链条、链轮节距磨损严重，不能继续使用，应更换新的链条和链轮。

（6）链齿轮磨损后也可翻转过来使用，但必须保证传动面的安装精度。新旧链节不能在同一链条中混用，磨损严重的链轮不可配用新链条。

（四）液压系统维护保养

（1）检查液压油箱内的油面时，应将收割台放到最低处，如液压油不足时，应予补充。

（2）新玉米联合收获机工作 30h 后应更换液压油箱里的液压油，以后每年更换一次。

（3）加油时应将油箱加油孔周围擦干净，拆下并清洗滤清器，将新油慢慢通过滤清器倒入。

（4）液压油加入油箱前应沉淀，保证液压油干净，不允许含有水、砂、铁屑、灰土或其他杂质。

七、玉米联合收获机的选购

为促进我国农业机械的发展，国家加大了对农民购置农业机械的补贴力度，不少农民开始购置玉米联合收获机对外服务，玉米联合收获机成为了农民新的致富工具。选购玉米联合收获机应注意以下事项。

（一）要考虑区域适用性

一年两茬区，为及时抢种冬小麦，大部分玉米都在秸秆青绿、籽粒蜡熟时期收获果穗。这样，无论是玉米断茎率和掉杂率都很低，无需考虑安装和使用排杂装置。一年一茬区，收获时玉米已完全成熟，果穗下垂，秸秆枯黄叶子干脆，断茎率较高，且果穗箱中杂叶夹带严重，要选择有清选排杂功能的玉米联合收获机。对行式玉米联合收获机要求对行收获，而我国各地玉米种植行距又千差万别。不对行玉米收获机适应各种不同的行距，不需要人工开辅助割道，可以从田间任意位置进入作业，作业效率高，非常适用于机手进行跨区机收。因此，不对行玉米收获机是用户的首选机型。目前，我国不对行玉米收获机的主要机型有4YW－Q型全幅玉米联合收获机等。

（二）要考虑投资收益

我国目前的玉米收获机主要分为自走式、牵引式和背负式三大类型。自走式机型机组庞大，价格较贵，投资回收期较长；牵引式机型机组长，达13～15m，不适应小地块。从我国广大农村的种植地块、经济水平和玉米收获机技术水平等因素考虑，目前，以选择背负式为宜。背负式机型可以利用现有的拖拉机，一次投资相对较少，作业效益也不低，投资回收期一般在2年左右，作业的机动性和操作性都较好，应该是目前的首选机型。

（三）要考虑动力的配套性

目前，配套玉米收获机的拖拉机动力一般都在36.8kW以上。农户在选用玉米收获机时必须选择与自己现有拖拉机动力相匹配的机型。如36.8kW的拖拉机，可与双行玉米收获机相配套；而拥有654、700、724、800等中大型拖拉机的农户，则可以选择不对行机型或者三行的玉米收获机。应该实现拖拉机与收获机的合理匹配，避免“小马拉大车”和“大马拉小车”的现象。

（四）要考虑产品质量与售后服务问题

（1）玉米联合收获机是一个新产品，在购买时一定要注意产品是否通过省级以上农业机械鉴定部门鉴定，有无省级以上农机主管部门颁发的《农机推广许可证》，随机清查“三证”（产品合格证、三包凭证、产品使用说明书）是否齐全。

（2）在购机时，要掌握该机在你意向作业区或临近作业区以前的使用情况，要了解该机型以往的销售数量及分布状况，最好找老用户咨询后再决定购机。

（3）售后服务中心、站、点的工作半径（一般在100km内为宜）对售后服务质量有重要影响。售后服务质量在一定程度上决定着玉米收获机作业效益。要详细落实、充分准备，提高玉米收获机有效工作率。

（4）要购买诚信度高的产品。购机前，要考察企业对用户要求的支持率、用户满意率、产品投诉率、产品退货率、产品返修率、专利技术所有权等情况，要谨防伪劣假冒仿制产品，以免造成不必要的损失。

（五）要考虑秸秆处理方式

现有的玉米联合收获机都配有秸秆粉碎还田机，即在进行摘穗作业的同时，还将玉米秸秆粉碎后抛撒在地里，实现秸秆还田。但是，由于畜牧养殖业的发展，玉米秸秆作为一种饲料的需求也在不断增加，不少地区的农户要求，在收获玉米果穗的时候，保留秸秆，或是将粉碎的秸秆回收，用于养殖业。因此，目前有些玉米收获机生产企业为此提出了秸秆回收的方案，如某些公司的秸秆整留回收装置，可将玉米秸秆整秆保留回收；同时，某些公司还开发出秸秆粉碎回收装置，可将摘穗后的秸秆捡拾粉碎并抛撒回收，用于青贮。这些装置需要用户根据当地实际需要提出要求进行配置。

附录一　2012 年农业机械购置补贴实施通知

关于印发《2012 年农业机械购置补贴实施指导意见》的通知

农办财〔2011〕187 号

各省（自治区、直辖市、计划单列市）农业厅（局、委）、农机管理局（办公室）、财政厅（局），新疆生产建设兵团农业局、财务局，黑龙江省农垦总局、广东省农垦总局：

为确保 2012 年农机购置补贴政策顺利实施，加快农业发展方式转变，保障农业综合生产能力提高，促进现代农业发展，最大限度发挥农机购置补贴政策效应，推进农业机械化又好又快发展，在总结近些年经验的基础上，我们研究制定了《2012 年农业机械购置补贴实施指导意见》，现印发给你们，请遵照执行。

农业部办公厅

财政部办公厅

二〇一二年一月六日

2012 年农业机械购置补贴实施指导意见

一、总体要求

以转变农机化发展方式为主线，以调整优化农机装备结构、提升农机化作业水平为主要任务，加快推进主要农作物关键环节机械化，积极发展畜牧业、渔业、设施农业、林果业及农产品初加工机械化。要注重突出重点，向优势农产品主产区、关键薄弱环节、农民专业合作组织倾斜，提高农机化发展的质量和水平；注重统筹兼顾，协调推进丘陵山区、血防疫区及草原牧区农机化发展；注重扶优扶强，大力推广先进适用、技术成熟、安全可靠、节能环保、服务到位的机具；注重阳光操作，加强监管，进一步推进补贴政策执行过程公平公开；注重充分发挥市场机制作用，切实保障农民选择购买农机的自主权；注重发挥补贴政策的引导作用，调动农民购买和使用农机的积极性，促进农业机械化和农机工业又好又快发展。

二、实施范围及规模

农机购置补贴政策继续覆盖全国所有农牧业县（场）。综合考虑各省（区、市、兵团、农垦）耕地面积、主要农作物产量、农作物播种面积、乡村人口数、农业机械化发展重点，结合农机购置补贴工作开展情况，确定资金控制规模。为支持春耕备耕，财政部已于2011年9月20日将2012年中央财政第一批农机购置补贴资金130亿元指标提前通知各地。各省（区、市、兵团、农垦）农机化主管部门要与同级财政部门科学合理地确定本辖区内项目实施县（场）投入规模。补贴资金应向粮棉油作物种植大县、畜牧水产养殖大县、全国农机化示范区（县）、保护性耕作示范县、全国100个农作物病虫害专业化防治创建县和1 000个专业化防治示范县、血吸虫病防疫区县适当倾斜。

属省属管理体制的上海、江苏、安徽、陕西、甘肃、宁夏、江西、广西、海南、云南、湖北等11省（区、市）地方垦区农场和海拉尔、大兴安岭垦区农场补贴资金规模、补贴农场名单及资金分配额度由省级农机化主管部门、农垦主管部门与财政部门协商确定，纳入本省（区、市）补贴资金使用方案。省级农机化主管部门和财政部门要加强对农场农机购置补贴工作的指导，按照《农业机械购置补贴专项资金使用管理暂行办法》（以下简称《办法》）和本实施指导意见，规范操作，统一管理。其他地方垦区的市、县属农场的农机购置补贴纳入所在县农机购置补贴范围。

三、补贴机具及补贴标准

（一）补贴机具种类。耕整地机械、种植施肥机械、田间管理机械、收获机械、收获后处理机械、农产品初加工机械、排灌机械、畜牧水产养殖机械、动力机械、农田基本建设机械、设施农业设备和其他机械等12大类46个小类180个品目机具。手扶拖拉机、微耕机仅限在血防区和丘陵山区补贴。玉米小麦两用收割机作为小麦联合收割机和单独的玉米收割割台分别补贴。

除12大类46个小类180个品目外，各地可以在12大类内自行增加不超过30个品目的其他机具列入中央资金补贴范围。背负式小麦联合收割机、皮带传动轮式拖拉机、运输机械、装载机、农用航空器、内燃机、燃油发电机组、风力设备、水力设备、太阳能设备、包装机械、牵引机械、设施农业的土建部分（指用泥土、砖瓦、砂石料、钢筋混凝土等建筑材料修砌的温室大棚地基、墙体等）及黄淮海地区玉米籽粒联合收割机不列入中央资金补贴范围。

（二）补贴机具确定。农业部根据全国农业发展需要和国家产业政策确定全国补贴机具种类范围；各省（区、市、兵团、农垦）结合本地实际情况，合理确定具体的补贴机具品目范围。县级农机化主管部门不得随意缩小补贴机具种类范围，省域内年度补贴品目数量保持一致。补贴机具必须是已列入国家支持推广目录和省级支持推广目录的产品。

（三）补贴标准。中央财政农机购置补贴资金实行定额补贴，即同一种类、同一档次农业机械在省域内实行统一的补贴标准。通用类农机产品补贴额由农业部统一确定，非通用类农机产品补贴额由各省（区、市、兵团、农垦）自行确定，单机补贴限额不超过5万元。非通用类农机产品定额补贴不得超过本省（区、市、兵团、农垦）近三年的市场平均销售价格的30%，重点血防区主要农作物耕种收及植保等大田作业机械补贴定额测算比例不得超过50%。各省（区、市、兵团、农垦）要按程序向社会公布补贴机具补贴额一览表并报农业部、财政部备案。要加强对补贴产品市场价格的调查摸底，动态跟踪市场变化情况，对过高的补贴额及时做出调整，并按调整后的补贴额结算，补贴额调整情况要报农业部、财政部备案。

100马力以上大型拖拉机、高性能青饲料收获机、大型免耕播种机、挤奶机械、大型联合收割机、水稻大型浸种催芽程控设备、烘干机单机补贴限额可提高到12万元；甘蔗收获机、200马力以上拖拉机单机补贴额可提高到20万元；大型棉花采摘机单机补贴额可提高到30万元。

不允许对省内外企业生产的同类产品实行差别对待。

四、补贴对象和经销商的确定

补贴对象为纳入实施范围并符合补贴条件的农牧渔民、农场（林场）职工、直接从事农机作业的农业生产经营组织。在申请补贴人数超过计划指标时，要按照公平公正公开的原则，采取公开摇号等农民易于接受的方式确定补贴对象。对于已经报废老旧农机并取得拆解回收证明的农民，可优先补贴。

补贴机具经销商必须经工商部门注册登记，取得经销农机产品的营业执照，具备一定的人员、场地和技术服务能力等条件。经销商名单由农机生产企业依据农业部及省级农机化主管部门规定的经销商资质条件自主提出，报省级农机化主管部门统一公布，供农民自主选择。农机化主管部门和生产企业应加强对补贴机具经销商的监督管理。补贴机具经销商必须规范操作，诚信经营，销售产品时要在显著位置明示配置，公开价格，并不得代办补贴手续。

补贴对象可以在省域内自主选机购机，允许跨县选择经销商购机。

五、开展操作方式创新试点

为进一步落实好农机购置补贴政策，推进工作创新，堵塞各种可能的漏洞，简化程序，提高效率，各地可在保证资金安全、让农民得实惠、给企业创造公平竞争环境的前提下，继续开展资金结算级次下放、选择少数农业生产急需且有利于农机装备结构调整和布局优化的农机品目在省域内满足所有农民申购需求补贴等试点；同时，开展选择部分市县实行全价购机后凭发票领取补贴等试点。提倡农机生产企业采取直销的方式直接配送农机产品，减少购机环节，实现供需对接。

拟开展试点的省份要认真研究，周密考虑，科学设计，制定切实可行的方案，报农业部、财政部审定后实施。

六、工作措施

（一）加强领导，密切配合。各级农机化主管部门、财政部门要进一步提高思想认识，加强组织领导，建立工作责任制，层层签订责任状，明确任务和责任。要制定农机购置补贴工作考核办法，注重工作绩效，加大工作考核力度，并将考核结果与补贴资金分配挂钩。要认真做好调查摸底、方案制定、动员部署、培训指导等工作。要与当地种植业、畜牧、渔业、农垦以及水利、林业等部门搞好沟通协调，切实把牧业、林业和抗旱、节水机械设备纳入补贴范围。要建立健全县级农机购置补贴工作机制，成立由县领导牵头，人大、政协、纪检监察、财政、农机、公安、工商、农口相关部门参加的县级农机购置补贴工作领导小组，共同研究确定补贴资金分配、重点推广机具种类等事宜，并联合对补贴政策实施进行监管。同时，强化县级农机部门内部约束机制，必须邀请纪检监察部门全程参与，对补贴资金分配、重点推广机具种类等问题的初步意见，须由集体研究决定，经县级补贴工作领导小组研究确定后实施，并报省级农机化主管部门备案。省级财政部门要安排必要的管理工作经费，对开展政策宣传、公示、建立信息档案等方面的支出给予保证。严禁挤占挪用中央财政补贴资金用于工作经费。

（二）规范操作，严格管理。各地要严格执行《办法》和本实施指导意见的有关规定，规范操作，严格管理。一是公平公正确定补贴对象。在确定补贴对象时，不得优亲厚友，不得人为设置购机条件。要严格执行补贴对象公示制度，在村公示不少于 7 天无异议后，县级农机化主管部门给农民办理补贴指标确认通知书，经与同级财政部门联合确认后，交申请购机农民。对价值较低的机具可将购机与公示同时进行。二是合理确定补贴额。按照“分档科学合理直观、定额就低不就高”的原则，科学制定非通用类补贴机具分类分档办法，并测算补贴额，严禁以农机企业的报价作为测算补贴额的依据。要充分发挥市场机制作用，在公布补贴产品补贴额一览表时不允许带具体的生产厂家、产品型号。三是严格执行补贴产品经销商由生产企业自主推荐的制度，由农民自主选择经销商和补贴产品。四是严禁采取不合理政策保护本地区落后生产能力，要对省（区、市、兵团、农垦）内外生产同一品目机具的企业一视同仁。严禁强行向购机农民推荐产品，严禁企业借扩大农机购置补贴之机乱涨价，同一产品销售给享受补贴的农民的价格不得高于销售给不享受补贴的农民的价格。五是继续大力推进农机购置补贴信息网络化管理，2012

年起各地要全部使用农业部统一开发的全国农机购置补贴管理软件系统，与财政部门实现信息共享，提高工作的透明度、规范性和工作效率。

（三）加强引导，科学调控。农机购置补贴既是强农惠农政策，又是一项产业促进政策。各地要正确把握政策取向，充分发挥补贴政策的调控作用，采取公式法或因素法确定各地补贴资金规模，因地制宜确定补贴机具品目范围，科学分档测算补贴额。鼓励突出补贴重点，向农业生产急需的薄弱环节机械给予重点倾斜，促进农机装备结构布局优化，提高薄弱环节农机化水平，加快落后地区农机化发展步伐，全面提升农机化发展质量。要深入搞好农机装备需求调研，科学分析现状与不足，因地制宜制定中长期农机购置补贴规划，为补贴政策持续深入实施提供有效支撑。

（四）公开信息，接受监督。要认真贯彻《国务院办公厅转发全国政务公开领导小组关于开展依托电子政务平台加强县级政府政务公开和政务服务试点工作意见的通知》（国办函[2011]号）精神，切实把农机购置补贴政策实施情况列入政务公开和政务服务目录，要将补贴政策内容、操作程序、举报电话、资金规模、执行进度以及每名购机户的购买机型、生产厂家、经销商、销售价格、补贴额度、姓名住址（不涉个人隐私部分）等信息在各县（市、区）电子政务平台的政府网站上公布，同时通过其他多种形式进行公布，使全社会广泛知晓。要将享受农机购置补贴资金情况作为村务公开的内容，公布到村。要全面落实《农业部办公厅关于深入推进农机购置补贴政策信息公开工作的通知》（农办机[2011]33 号）要求，至少每半月应公布一次各县（市、区）补贴资金使用进度，有关文件签发 5 个工作日之内应向社会公开相关信息。在年度补贴工作结束后，县级农机化主管部门要以公告的形式公开本县补贴资金额度、农民分户实际购机数量、金额等情况，接受社会监督。

（五）严肃纪律，加强监管。各级农机化主管部门、财政部门要加强对农机购置补贴工作的监管，把国务院"三个严禁"和农业部"四个禁止""八个不得"及《农业部关于加快推进农机购置补贴廉政风险防控机制建设的意见》（农机发[2011]4号）等要求落到实处。一要加大监督检查力度。省级农机化主管部门要制定监管督查方案，加强对各地补贴实施情况的督导检查，组织市县两级开展专项检查和重点抽查，严查倒卖补贴指标、套取补贴资金、乱收费及委托经销商办理手续等违规行为。要将督导检查情况和对各类违规违纪案件的查处情况及时报农业部、财政部及驻农业部纪检监察机构。对问题较大的县市在全省农机、财政系统进行通报，并抄送省级纪检监察部门，建议对相关责任人按规定给予党纪政纪处分；情节严重构成犯罪的，建议移送司法机关处理。二要加大财政部门监管力度。各级特别是基层财政部门要按照《财政部关于切实加强农机购置补贴政策实施监管工作的通知》（财农[2011]17号）要求，主动参与农机购置补贴政策具体实施工作，在补贴资金使用管理、补贴对象和补贴种类及补贴产品经销商确定、农民实际购机情况核实等方面，积极履行职责，充分发挥就地就近实施监管优势。县级财政部门要会同农机等有关部门，按照不低于购机农民10%的比例，对农民购机后实际在用情况进行抽查核实，发现问题及时处理，并将抽查核实及处理情况上报省级财政部门、农机化主管部门。省级财政部门应督促和指导基层财政部门做好农机购置补贴政策实施监管工作。三要严格管理补贴产品产销企业。严格按照农业部及省级农机化主管部门关于补贴产品生产及经销企业监督管理有关规定，对参与违法违规操作的经销商，及时列入黑名单并予公布，被列入黑名单的经销商及其法定代表人永久不得参与补贴产品经销活动；对参与违法违规操作的生产企业要及时取消其补贴产品补贴资格，非法侵占补贴资金应足额退回财政部门；对违规违纪性质恶劣的生产或经销企业，建议工商部门吊销其营业执照。情节严重构成犯罪的，协调司法机关处理。

（六）加强宣传，搞好服务。各地农机购置补贴资金使用方案要及时向社会公布，充分利用各类新闻媒体，加强农机购置补贴的宣传工作，特别是要做好对农民的宣传引导，让农民了解农机购置补贴政策内容、程序和要求。要搞好咨询服务，认真答疑解惑。要高度重视与企业的资金结算工作，鼓励与生产企业结算，增加结算频次，补贴实施后至少每季度结算一次补贴资金，减轻农机生产企业资金周转压力，有条件的省可以采取预结算等方式加快结算。要协调农机企业做好补贴机具的供货工作，督促企业做好售后服务工作。要加强补贴机具的质量监督，了解补贴机具的质量状况和农民的反映，安排专门机构受理农民投诉，对存在质量问题、农民投诉较为集中的机具及其生产企业，应按管理权限及时取消其补贴资格，保护农民的权益。要继续做好农机购置补贴执行进度统计及信息报送工作，实行信息周报制度，农机购置补贴执行进度数据通过全国农机购置补贴管理软件系统获取。及时开展半年和全年专项执行情况的总结，分别在 2012 年 6 月 20 日和 11 月 30 日前，将上半年和全年农机购置补贴（包括地方财政安排的补贴）实施情况总结报告报送农业部农机化管理司、财务司和财政部农业司。

农业部、财政部将把上述措施的落实情况作为对各地工作考核的重要内容之一，并在2012年下半年进行抽查。

七、申报程序

各省（区、市、兵团、农垦）农机化主管部门、财政部门要根据本指导意见，提出实施县（场）名单和资金指标分配意见，并制定本省（区、市、兵团、农垦）补贴资金使用方案，于2012年1月20日前联合上报农业部、财政部（各一式二份）备案。

附件1：

2012年全国农机购置补贴机具种类范围

（12大类46个小类180个品目）

1. 耕整地机械

1.1 耕地机械

1.1.1 铧式犁

1.1.2 翻转犁

1.1.3 圆盘犁

1.1.4 旋耕机

1.1.5 耕整机（水田、旱田）

1.1.6 微耕机

1.1.7 田园管理机

1.1.8 开沟机（器）

1.1.9 深松机

1.1.10 浅耕深松机

1.1.11 机滚船

1.1.12 机耕船

1.1.13 联合整地机

1.2 整地机械

1.2.1 钉齿耙

1.2.2 弹齿耙

1.2.3 圆盘耙

1.2.4 滚子耙

1.2.5 驱动耙

1.2.6 起垄机

1.2.7 镇压器

1.2.8 合墒器

1.2.9 灭茬机

2. 种植施肥机械

2.1 播种机械

2.1.1 条播机

2.1.2 穴播机

2.1.3 异型种子播种机

2.1.4 小粒种子播种机

2.1.5 根茎类种子播种机

2.1.6 水稻(水旱)直播机

2.1.7 免耕播种机

2.1.8 抗旱坐水种机械

2.2 育苗机械设备

2.2.1 秧盘播种成套设备(含床土处理)

2.2.2 秧田播种机

2.2.3 种子处理设备(采摘、调制、浮选、浸种、催芽、脱芒等)

2.2.4 营养钵压制机

2.2.5 起苗机

2.3 栽植机械

2.3.1 油菜栽植机

2.3.2 水稻插秧机

2.3.3 水稻摆秧机

2.3.4 甘蔗种植机

2.3.5 草皮栽补机

2.3.6 树木移栽机

2.3.7 甜菜移栽机

2.4 施肥机械

2.4.1 施肥机(化肥)

2.4.2 撒肥机(厩肥)

2.4.3 追肥机(液肥)

2.4.4 中耕追肥机

2.5 地膜机械

2.5.1 地膜覆盖机

2.5.2 残膜回收机

2.6 食用菌生产机械

3. 田间管理机械

3.1 中耕机械

3.1.1 中耕机

3.1.2 培土机

3.1.3 除草机

3.1.4 埋藤机

3.2 植保机械

3.2.1 电动喷雾器(含背负式、手提式)

3.2.2 机动喷雾喷粉机(含背负式机动喷雾喷粉机、背负式机动喷雾机、背负式机动喷粉机)

3.2.3 动力喷雾机(含担架式、推车式机动喷雾机)

3.2.4 喷杆式喷雾机(含牵引式、自走式、悬挂式喷杆喷雾机)

3.2.5 风送式喷雾机(含自走式、牵引式风送喷雾机)

3.2.6 烟雾机(含常温烟雾机、热烟雾机)

3.2.7 杀虫灯(含灭蛾灯、诱虫灯)

3.3 修剪机械

3.3.1 嫁接设备

3.3.2 茶树修剪机

3.3.3 树木修剪机

3.3.4 草坪修剪机

3.3.5 割灌机

4. 收获机械

4.1 谷物收获机械

4.1.1 自走轮式谷物联合收割机(全喂入)

4.1.2 自走履带式谷物联合收割机(全喂入)

4.1.3 半喂入联合收割机

4.1.4 大豆收获专用割台

4.1.5 割晒机

4.1.6 割捆机

4.2 玉米收获机械

4.2.1 背负式玉米收获机

4.2.2 自走式玉米收获机

4.2.3 自走式玉米联合收获机(具有脱粒功能)

4.2.4 穗茎兼收玉米收获机

4.2.5 玉米收割割台

4.3 棉麻作物收获机

4.3.1 棉花收获机

4.3.2 麻类作物收获机

4.4 花卉(茶叶)采收机械

4.4.1 采茶机

4.5 籽粒作物收获机械

4.5.1 油菜籽收获机

4.5.2 草籽收获机

4.5.3 花生收获机

4.6 根茎作物收获机械

4.6.1 薯类收获机

4.6.2 甘蔗收获机

4.6.3 甘蔗割铺机

4.6.4 甘蔗剥叶机

4.6.5 甜菜收获机

4.7 饲料作物收获机械

4.7.1 青饲料收获机

4.7.2 牧草收获机

4.7.3 割草机

4.7.4 翻晒机

4.7.5 搂草机

4.7.6 捡拾压捆机

4.7.7 压捆机

4.7.8 饲草裹包机

4.8 茎秆收集处理机械

4.8.1 秸秆粉碎还田机

4.8.2 高秆作物割晒机

5. 收获后处理机械

5.1 脱粒机械

5.1.1 稻麦脱粒机

5.1.2 玉米脱粒机

5.2 清选机械

5.2.1 粮食清选机

5.2.2 种子清选机

5.2.3 扬场机

5.3 剥壳(去皮)机械

5.3.1 玉米剥皮机

5.3.2 花生脱壳机

5.3.3 棉籽剥壳机

5.4 干燥机械

5.4.1 粮食烘干机

5.4.2 种子烘干机

5.4.3 油菜籽烘干机

5.4.4 籽棉烘干机

5.4.5 果蔬烘干机

5.4.6 蚕茧收烘机械

5.4.7 热风炉

5.5 种子加工机械

5.5.1 种子包衣机

5.6 仓储机械

5.6.1 简易保鲜储藏设备

6. 农产品初加工机械

6.1 碾米机械

6.1.1 碾米机

6.2 磨粉(浆)机械

6.2.1 磨粉机

6.3 果蔬加工机械

6.3.1 水果分级机

6.3.2 水果打蜡机

6.3.3 蔬菜清洗机

6.3.4 薯类分级机

6.3.5 蔬菜分级机

6.4 茶叶加工机械

6.4.1 茶叶杀青机

6.4.2 茶叶揉捻机

6.4.3 茶叶炒(烘)干机

6.4.4 茶叶筛选机

6.5 剑麻加工机械

6.5.1 刮麻机

6.6 天然橡胶初加工专用机械

7. 排灌机械

7.1 水泵

7.1.1 离心泵

7.1.2 潜水泵

7.2 喷灌机械设备

7.2.1 喷灌机

7.2.2 微灌设备(微喷、滴灌、渗灌)

7.2.3 灌溉用过滤器

7.3 其他排灌机械
7.3.1 风力扬水机
7.3.2 抗旱机泵
7.3.3 水井钻机
8. 畜牧水产养殖机械
8.1 饲料(草)加工机械设备
8.1.1 青贮切碎机
8.1.2 铡草机
8.1.3 揉丝机
8.1.4 压块机
8.1.5 饲料粉碎机
8.1.6 饲料混合机
8.1.7 饲料破碎机
8.1.8 饲料搅拌机
8.1.9 颗粒饲料压制机
8.2 畜牧饲养机械
8.2.1 孵化机
8.2.2 螺旋喂料机
8.2.3 送料机
8.2.4 清粪机(车)
8.2.5 网围栏
8.2.6 水帘降温设备
8.3 畜产品采集加工机械设备
8.3.1 挤奶机
8.3.2 剪羊毛机
8.3.3 贮奶罐

8.3.4 冷藏罐

8.4 水产养殖机械

8.4.1 增氧机

8.4.2 投饵机

8.4.3 网箱养殖设备

8.4.4 水体净化处理设备

8.4.5 织网机

8.5 其他畜牧水产养殖机械

8.5.1 养蜂专用平台(含蜜蜂踏板、蜂箱保湿装置、蜜蜂饲喂装置、电动摇蜜机、电动取浆器、花粉干燥箱)

9. 动力机械

9.1 拖拉机

9.1.1 轮式拖拉机

9.1.2 手扶拖拉机

9.1.3 履带式拖拉机

10. 农田基本建设机械

10.1 挖掘机械

10.1.1 农用挖掘机(斗容量$\leqslant 0.4m^3$)

10.1.2 挖坑机

10.2 平地机械

10.2.1 平地机

10.3 清淤机械

10.3.1 清淤机

11. 设施农业设备

11.1 日光温室设施设备

11.1.1 卷帘机

11.1.2 保温被

11.1.3 加温炉

11.2 连栋温室设施设备

11.2.1 开窗机

11.2.2 拉幕机(含遮阳网、保温幕)

11.2.3 排风机

11.2.4 温帘

11.2.5 二氧化碳发生器

11.2.6 加温系统(含燃油热风炉、热水加温系统)

11.2.7 灌溉首部(含灌溉水增压设备、过滤设备、水质软化设备、灌溉施肥一体化设备以及营养液消毒设备等)

12. **其他机械**

12.1 废弃物处理设备

12.1.1 固液分离机

12.1.2 废弃物料烘干机

12.1.3 有机废弃物好氧发酵翻堆机

12.1.4 有机废弃物干式厌氧发酵装置

12.1.5 沼液沼渣抽排设备

附录二 其他关于开车违章的主要新规定

一、饮酒、醉酒驾车处罚新规定

《刑法修正案(八)》《道路交通安全法修正案》中关于饮酒和醉酒后开车的处罚,已经于2011年5月1日正式实施。新修改后的规定加大了对饮酒和醉酒驾驶机动车辆的处罚力度。对于农机驾驶员来说有些除跨区作业外,同时可能有公安驾照在农闲时从事其他运输活动,很有必要了解关于酒驾的新规定,尤其是醉驾,除了将依法追究刑事责任,可能导致终身禁驾。

(一)饮酒与醉酒的标准

由于酒后、醉酒驾车可能导致的严峻后果,世界上许多国家都对酒后驾车执行了严格的规定。我国的相关法律规定将酒后驾车分为饮酒驾车和醉酒驾车。饮酒驾车和醉酒驾车是根据驾驶人员血液、呼气中的酒精含量值来界定的。

目前我国法律规定的饮酒驾车,指驾驶员血液中的每100ml酒精含量大于或者等于20mg小于80mg的驾驶行为;醉酒驾车,指驾驶员血液中的酒精含量大于或者等于80mg/100ml的驾驶行为。据计算,正常人在一般情况下饮用350ml(约相称于1小瓶)啤酒或25g(半两)白酒(20ml)后,血液酒精浓度就可达到饮酒驾驶的处罚条件;当饮酒量上升1 400ml(约相称于3瓶500ml啤酒)或75g(一两半)白酒时,其血液酒精浓度可达到醉酒驾驶处罚条件。

（二）对酒驾、醉驾的处罚

饮酒后驾驶机动车的，《道路交通安全法》修改前的处罚规定是暂扣1～3个月机动车驾驶证，并处200元以上500元以下罚款。而修改后，酒后驾驶机动车，将处暂扣6个月机动车驾驶证，并处1 000元以上2 000元以下罚款。

醉酒驾驶机动车的，将由《道路交通安全法》修改前规定是处“暂扣3～6个月机动车驾驶证，并处500元以上2 000元以下罚款，行政拘留15日”的处罚，修改为由××机关交通管理部门约束至酒醒，吊销机动车驾驶证，5年内不得重新取得机动车驾驶证，按“危险驾驶罪”定罪依法追究刑事责任，处以拘役、并处罚金，也就是所说的“醉驾入刑”。

（三）对“累犯”的处罚

修改后的《道路交通安全法》同时加重了“再次饮酒后驾驶机动车的”累犯的处罚规定。因饮酒驾车在××交警部门的处罚记录系统留下记录后，若再次饮酒后驾驶机动车被查获，就将按“累犯”处理。“第一次和第二次之间没有一个时间间隔。首次饮酒后驾驶机动车处罚记录没有清零时限。”因饮酒后驾驶机动车被处罚后，再次饮酒后驾驶机动车的，处10日以下拘留，并处1 000元以上2 000元以下罚款，吊销机动车驾驶证。按《道路交通安全法》规定，机动车驾驶证吊销时限一般为2年，即2年内不得重新取得机动车驾驶证。

（四）对饮酒、醉酒驾驶营运车辆的处罚

对饮酒后驾驶营运机动车的，如出租车、客车、货车等，新的《道路交通安全法》增加了15日拘留的处罚，将罚款从500元提高至5 000元，并将暂扣机动车驾驶证的处罚改为吊销机动车驾驶证，且5年内不得重新取得机动车驾驶证。

对醉酒后驾驶营运机动车的，将暂扣机动车驾驶证的处罚

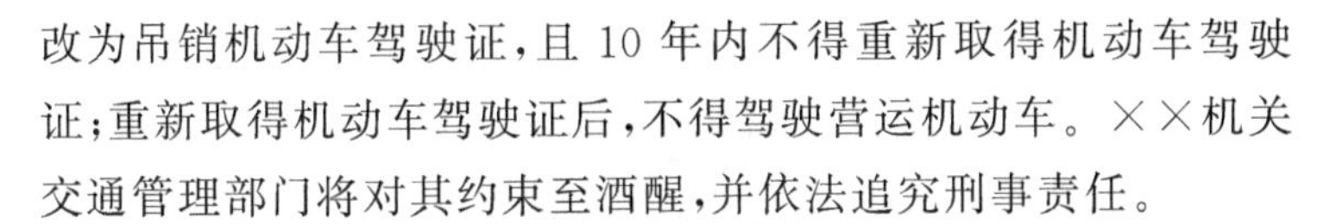

改为吊销机动车驾驶证，且10年内不得重新取得机动车驾驶证；重新取得机动车驾驶证后，不得驾驶营运机动车。××机关交通管理部门将对其约束至酒醒，并依法追究刑事责任。

（五）对酒后驾车构成交通肇事罪的处罚

修改后的《道路交通安全法》增加了对饮酒后或者醉酒驾驶机动车发生重大交通事故构成犯罪的处罚规定，将由××机关交通管理部门吊销机动车驾驶证，终身不得重新取得机动车驾驶证。

修改前的《道路交通安全法》中，只有存在逃逸等恶劣情节的才会终身禁驾，而修改后的《道路交通安全法》规定更加严厉，只要饮酒后或者醉酒驾驶机动车发生重大交通事故构成犯罪，如无证饮酒后或者醉酒驾驶机动车发生事故造成一人重伤，负事故主要或全部责任，就终身不得重新取得机动车驾驶证。

所以要告诫喜欢习惯性饮酒的农机驾驶员们，一定要牢记开车前绝对不能饮酒，否则会后悔莫及。

二、关于违章处罚扣分的新规定

道路交通安全违法行为记分分值（新版）实施于2010年4月1日起执行。

（一）机动车驾驶人有下列违法行为之一，一次记12分

驾驶与准驾车型不符的机动车的；

饮酒后或者醉酒后驾驶机动车的；

驾驶公路客运车辆载人超过核定人数20%以上的；

造成交通事故后逃逸，尚不构成犯罪的；

使用伪造、变造机动车号牌、行驶证、驾驶证或者使用其他机动车号牌、行驶证的；

在高速公路上倒车、逆行、穿越中央分隔带掉头的。

（二）机动车驾驶人有下列违法行为之一，一次记6分

机动车驾驶证被暂扣期间驾驶机动车的；

公路客运车辆载人超过核定人数未达20％的；

机动车行驶超过规定时速50％以上的；

在高速公路行车道上停车的；

机动车在高速公路或者城市快速路上遇交通拥堵，占用应急车道行驶的；

驾驶机动车载运爆炸物品、易燃易爆化学物品以及剧毒、放射性等危险物品，未按指定的时间、路线、速度行驶或者未悬挂警示标志并采取必要的安全措施的；

连续驾驶公路客运车辆或者危险物品运输车辆超过4小时未停车休息或者停车休息时间少于20分钟的；

上道路行驶的机动车未悬挂机动车号牌的，或者故意遮挡、污损、不按规定安装机动车号牌的；

以隐瞒、欺骗手段补领机动车驾驶证的。

（三）机动车驾驶人有下列违法行为之一，一次记3分

货车载物超过核定载质量30％以上或者违反规定载客的；

驾驶公路客运车辆以外的载客汽车载人超过核定人数20％以上的；

违反道路交通信号灯通行的；

机动车行驶超过规定时速未达50％的；

在高速公路上驾驶机动车行驶低于规定最低时速的；

驾驶禁止驶入高速公路的机动车驶入高速公路的；

违反禁令标志、禁止标线指示的；

不按规定超车、让行的或者逆向行驶的；

驾驶机动车违反规定牵引挂车的；

在道路上车辆发生故障、事故停车后，不按规定使用灯光和设置警告标志的；

上道路行驶的机动车未按规定定期进行安全技术检验的。

（四）机动车驾驶人有下列违法行为之一，一次记 2 分

驾驶公路客运车辆以外的载客汽车载人超过核定人数未达 20%的；

货车载物超过核定载质量未达 30%的；

行经交叉路口不按规定行车或者停车的；

行经人行横道，不按规定减速、停车、避让行人的；

有拨打、接听手持电话等妨碍安全驾驶的行为的；

驾驶和乘坐二轮摩托车，不戴安全头盔的；

机动车在高速公路或者城市快速路上行驶时，机动车驾驶人未按规定系安全带的；

遇前方机动车停车排队或者缓慢行驶时，借道超车或者占用对面车道、穿插等候车辆的。

（五）机动车驾驶人有下列违法行为之一，一次记 1 分

不按规定使用灯光的；

不按规定会车的；

机动车载货长度、宽度、高度超过规定的；

上道路行驶的机动车未放置检验合格标志、保险标志，未随车携带行驶证、机动车驾驶证的。

另外，自 2013 年 1 月 1 日起，公安部发布了修订后的《机动车驾驶证申领和使用规定》，新规定对申领驾照和开车上路做了严格的规定。新规明确规定，闯红灯一律扣 6 分。将未悬挂或不按规定安装号牌、故意遮挡污损号牌等违法行为记分由 6 分提高到 12 分，将违反道路交通信号灯通行等违法记分由 3 分提高到 6 分。

主要参考文献

[1]陈济勤.1997. 农业机器运用管理学[M].2 版.北京:中国农业出版社.

[2]董元虎,尹兴林.2007. 汽车油料选用手册[M].北京:化学工业出版社.

[3]高焕文.2002. 农业机械化生产学[M].北京:中国农业出版社.

[4]红兴隆农业技术学校.1989. 农机运用与管理[M].北京:农业出版社.

[5]李问盈,籍国宝.2006. 小型柴油机使用与维修[M].北京:中国农业出版社.

[6]农业部人事劳动司,农业职业培训教材编审委员会.2007. 拖拉机驾驶员(初级,中级,高级)[M].北京:中国农业科学技术出版社.

[7]农业部农业机械化管理司,中国农业机械工业协会.2006. 国内外农业机械化统计资料[M].北京:中国农业科学技术出版社.